“舌尖上的云南”饮食文化系列丛书

编 委 会

"舌尖上的云南"饮食文化系列丛书

云　南　省　商　务　厅
云南省餐饮与美食行业协会　出品

云南宴

云南省餐饮与美食行业协会　编

云南出版集团
云南人民出版社

图书在版编目（CIP）数据

云南宴 / 云南省餐饮与美食行业协会编. -- 昆明 : 云南人民出版社, 2019.6

ISBN 978-7-222-17956-1

Ⅰ. ①云… Ⅱ. ①云… Ⅲ. ①饮食—文化—云南 Ⅳ. ①TS971.202.74

中国版本图书馆CIP数据核字（2019）第117164号

责任编辑： 任梦鹰　范晓芬
责任校对： 朱　颖
装帧设计： 云南杺颐文化传播有限公司
责任印制： 李寒东

书　名　云南宴
作　者　云南省餐饮与美食行业协会　编
出　版　云南出版集团　云南人民出版社
发　行　云南人民出版社
社　址　昆明市环城西路609号
邮　编　650034
网　址　www.ynpph.com.cn
E-mail　ynrms@sina.com
开　本　787mm × 1092mm　1/16
字　数　280千
印　张　23.5
版　次　2019年6月第1版第1次印刷
印　刷　昆明精妙印务有限公司
书　号　ISBN　978-7-222-17956-1
定　价　98.00元

如有图书质量及相关问题请与我社联系
审校部电话：0871-64164626印制科电话：0871-64191534

云南人民出版社公众微信号

前言

浅谈云南州（市）特色宴席

本书收入的“云南州（市）特色宴席”，主要选自“2016最云南 舌尖上的云味·一州一席宴地方特色美食推介”的宴席，它们各具特色、各有千秋。组委会组织了12位云南省餐饮业的专业评委组织召开评审总结会，专家们的意见归纳如下：

一、取材广泛、烹法多样

本次参选的大部分宴席，原材料生态环保、品种多样、用料广泛，多是来自于大山深处的特有食材，如时鲜果蔬、山珍野菜等；菜品地域特色鲜明，许多州市做到了每县都有一道特色菜品呈现，在当地有较高知名度；大都善于使用各种原生态植物香料，调味简洁，突出原材料本身固有味道；多数菜品突出了“鲜”和“广”，“鲜”体现在选用新鲜的原料，“广”体现在用料广泛，味道各异；烹调方法上融入少数民族元素，如：“舂”“烧”；有适应云南各地气候特点风俗习惯的，如乳扇、乳饼、烤鸡、烤鱼、腌腊等；还有适应各族人民饮食口味特点而形成的风味菜，如煮酸笋、牛撒撇、喃咪、过手米线等。

二、主题突出、内涵丰富

多数宴席均有浓郁的民族特色，菜品与文化结合到位，厨师技艺精湛，即满足了审美，又凸显出地方风味。如“永昌府宴”融合保山历史、地理、商业等诸多元素，充分挖掘了保山的传统饮食文化特色，其中棕包花炒肉丝、四代同堂、盐八宝等菜都是历史上永昌府地区的名菜；“天龙八部宴”全席菜肴制作工艺充分体现大理白族文化中的餐饮内涵，充分利用大理白族的风味食材和烹饪技艺，主题突出；“南诏王宴”，以巍山饮食风味特色为依托，经制作者精心策划和设计，全席紧密联系巍山当地食材、制作工艺，口味特色的特点而进行制作，有历史文化底蕴，也有现代设计内涵；“曲靖珠江源宴”把曲靖市各地各名特菜肴小吃汇集到宴席中，宴席的部分优秀菜品“宣威老火腿”久负盛名，加上厨师的精心烹制和铜钱设计，肥而不腻、寓意深远；“辣子鸡”味浓而留香，菜品选料精良，制作精细，烹饪技法应用得当，器皿使用精美，色彩搭配合理，菜单设计别具创意，全席主题突出，反映出珠江源地区人民的日常饮食习惯，其最大的特点是把民间乡土菜和传统小吃、酱菜等融汇到此宴中；云南藏文化是古代吐蕃文化的一部分，香格里拉“三锅庄”充分体现出香格里拉藏族饮食文化特征，该宴原料全从香格里拉运来，厨师中大部分为当地厨师，口味、就餐环境、服务流程都能充分反映香格里拉藏族饮食文化特征，其“牛尾汤锅”美味滋补养生；文山壮族饮食文化非常突出，其“壮乡鸿运簸箕饭”采用文山壮族的传统特色菜品为主，原料选择、工艺制作、餐具摆台都有文山壮乡特点。

三、历史文化积淀深厚

如保山的“永昌府宴”，透过历史文化，讲述保山乡愁的故事，几乎每道菜点都有传说或故事，让客人在保山味道的舌尖之旅中了解保山的一些历史文化常识；白酒选用“滇西1944”，睹物思情，回味滇西抗战的难忘岁月；普洱的“马帮宴”从餐具到菜品都有着浓郁的地方特色，再现千年茶马古道情；而石斛宴、茶韵宴则充分利用云南特色食材，在装盘及餐具等选择上突出现代感，适合商旅宴请和接待。两个宴席有穿越千年时空之感；呈贡豆腐把普通食材综合开发成宴席，营养健康，符合现代人的饮食需求。

四、饮食文化内涵丰富

部分宴席的代言人知识结构丰富，对当地历史典故有深厚了解，如巍山南昭王宴，解说员熟知彝族历史文化和每道菜的来历，解说生动有趣，丰富了宴席的饮食文化内涵；红河哈尼梯田宴从餐桌到餐具都乡土味十足，厨师团队就是哈尼族姑娘，难能可贵。席间都体现了各民族的饮食文化（如当地民族使用的原材料特性等）使得宴席丰富多彩。可以说这些宴席的推出很好地挖掘了云南少数民族菜品和少数民族饮食文化，对推动滇菜的发展将会起到不可估量的作用。

五、展台布置各有千秋

有的宴席把当地非物质文化遗产的美食汇聚成席，一席宴会可以领略到当地的饮食文化、风味独特、口感俱佳。如“纳西三叠水”“珠江源迎宾宴”等；有的宴席以云南特有食材及养生为主题，摆盘精致，菜品口味咸淡适宜，如“普洱石斛宴”“鲜花宴”“茶韵宴”；大部分宴席都使用当地食材，通过传统的加工方式来烹调，菜品没有过多的摆盘装饰，突出食材本味及厨师扎实的基本功，比较有家宴的感觉，如“香格里拉三锅庄”“豆腐宴”等。

六、菜品名称相得益彰

如巍山南昭王宴的“拱辰春秋、苦尽甘来，只鸡樽酒”，普洱马帮宴的“马帮情歌，驼铃声声、月亮升起”，石斛宴的“百合散花、金玉粮缘、翡翠仙汁”等，菜名独具匠心，让人浮想联翩，体现了饮食文化韵味。但菜单设计差别较大，其中“永昌府宴”菜单设计最为突出。

总体而言，菜品技艺各具特色，比较出彩的宴席都来自少数民族较多的地区，相反是一些市区代表队对主题元素的把握不是特别到位。有专家总结说“最有民族气息是玛吉阿米的特色藏餐，最接地气的是玉溪同心宴，最代表云南的是鲜花宴，最难做的是昆明豆腐宴，最尴尬的是昭通天麻宴”。

七、不足之处

1.宴会定义不准确

宴席格式不清晰（格式为：前菜、头菜、汤、主菜、时蔬、主食、甜品、水果）；有的不明白什么是宴席，宴会用途表达不准确（家宴、商务宴、政务宴），应该根据是什么性质的宴会来制作菜单。宴席服务用具准备不规范，食品卫生安全意识不够强，普遍缺失的是公筷、公勺和热毛巾，过多附着的是酒歌。

2.烹饪方法有待提升

部分菜品缺乏包装，有因烹调时间不够造成菜品不熟的，有装盘点缀不恰当的，有点缀菜品的物品是不能食用的，有热菜没有温度的，有生、冷、辣食物过多的，还有的菜品不注重食品卫生，容易形成食品安全隐患。

3.服务标准规范度不高

餐桌礼仪存在缺失。宴席服务中服务标准流程主次不分，对服务礼仪的了解欠缺，在斟酒时出现“左右开弓”等细节纰漏。上菜及服务位置不明确，标准服务用语不规范，没有互动与恰当的回应。

整体来看，宴会服务标准偏低，个别宴会服务人员甚至不清楚宴会主题概念及服务流程。今后，要推出和突出地方特色，走向市场，注重提高本土厨师和服务员的烹饪技艺和服务水平。

目录

南诏王宴

研发制作：中国滇菜研发中心
巍山县餐饮与美食行业协会

南诏王宴　菜单

拱辰春秋——时令果盘（位上）

苦尽甘来——山果蜜饯（份上）配苦茶

无花果、沙参、香橼、橄榄、槐果、橘饼

六诏聚英——开胃小碟（份上）

蒙舍诏“香煎汇”：油炸香椿、韭菜根、豌豆粉皮

浪穹诏油淋羊干巴

邆赕诏玫瑰乳扇卷

施浪诏卜蒜薹

越析诏雕梅猪小排

蒙巂诏泡辣子

珍馐荟萃——冷头双拼

山珍探源——巍宝山珍刺身拼

文武双全——素鸡拼腊肉、血肠、腊肠

奉天照地——头等大菜

堂食扒香猪头（份上）配辣茶

福禄南诏——福禄一品鲜

福禄一品鲜（位上）

蒙化八馔——彝族“八大碗”（位上）

礼成赐福——毕摩羊排（份上）

羌煮余韵——坨坨肉

忠肝义胆——网油焦肝

蒸蒸日上——土司粉蒸红曲肉

普天同庆——黄金酥肉

黑牡白雪——野木耳粉丝

红河之源——山水豆腐

只鸡樽酒——鸡血饭

世代相承——主食

炖肉饵丝

洪武饼啖——点心

火把梨（份上）配甜茶

南诏王宴

“南诏王宴”以彝族饮食文化为基础，以深厚的南诏文化积淀和巍山彝族地区物产为资源整合，从流传巍山民间的南诏彝族王室宫廷宴“八大碗”中取其精华，与时俱进，结合现代烹饪方法和新的食材进行研发创新。

一、拱辰春秋——时令果盘

此果盘挑选时令鲜果供餐前食用。“拱辰楼”始建于明朝，是巍山古城的标志性建筑之一，全国重点文物保护单位。取名“拱辰春秋”，意在突出巍山在南诏历史文化发展过程中的重要地位。

二、苦尽甘来——山果蜜饯（配苦茶）

无花果、沙参、香橼、橄榄、槐果、橘饼

三、六诏聚英——开胃小碟

唐贞观二十三年（649年），舍龙之子细奴逻继承蒙舍诏（王）。此时洱海周边也出现了几个比较大的诏（王），即蒙舍诏、浪穹诏、邆赕诏、施浪诏、越析诏、蒙嶲诏，这些诏被汉史合成为“六诏”。因蒙舍诏位于这些诏的南面，被汉史称作“南诏”。“六诏”各有特产：

1.蒙舍诏“香煎汇”：油炸香椿、韭菜根、豌豆粉皮

2.浪穹诏油淋羊干巴

3.邆赕诏玫瑰乳扇卷

4.施浪诏卜蒜薹

5.越析诏雕梅猪小排

6.蒙嶲诏泡辣子

有朋自远方来，蒙舍诏王皮逻阁设宴待客。宴会上的一整套菜肴席面被称为筵席，并由此而诞生了有着深厚历史渊源的“南诏王宴”。在悦耳的乐曲声中，众王分宾主落座，侍从依次呈上“彝王宴”菜肴。

四、珍馐荟萃——冷头双拼

1.山珍探源——巍宝山珍刺身拼

巍宝山是南诏始祖细奴逻的牧耕之地，是全国道教名山和国家级森林公园。巍宝山森林密布，植物繁茂，生长着许多山珍食材，此刺身拼集中了巍宝山的山珍异味，有松茸、松露、竹笋、葛根等。造型美观、原料新鲜、口感柔嫩鲜美，绿色、生态，独具山野的自然特色。可根据季节调整时令品种。

2.文武双全——素鸡拼腊肉、血肠、腊肠

“素鸡”以素仿荤，软中有韧，味美醇香；腊肉、血肠等为各民族喜爱的传统美食。素鸡为“文”，腊肉等荤菜为“武”，故取名“文武双全”。从巍山历史看，彝王皮逻阁文武双全，在唐王朝支持下完成了统一六诏的丰功伟绩，此菜品也喻皮逻阁所具有的非凡才艺。

五、奉天照地——头等大菜

扒香猪头配辣茶

猪头肉皮厚而富胶质，肉少而嫩，耳骨脆而可食。“扒香猪头”彝语“嗬蜜哈”，系南诏宫廷美食，用多种植物香料烹制，最讲究火候。成菜色泽红润，香糯浓醇，咸甜适度。“辣茶”既酒，彝族祖先酷爱饮酒，“有酒便是席”，凡待客皆先要以酒相待，民间有"汉人贵茶，彝人贵酒"之说。

六、福禄南诏———品鲜头汤

唐朝开元年间，皮逻阁依靠强大的经济和军事力量，统一六诏建立南诏国，统一后的南诏迅速强大，进而称雄于祖国西南地区。南诏最强时期，其疆域包括今云南全省和四川、贵州、广西一部分，势力达越南、缅甸、老挝。南诏的崛起和发展，为巩固祖国领土完整、加快西南边疆的开发，促进各民族团结、进步等方面做出了历史性的贡献，同时也为彝族悠久的历史增添了光辉的一页。此汤用土鸡、老腊肉等细心炖制，取名为“福禄南诏”，意在纪念南诏在历史文化发展中取得的重要成就，也喻被唐朝皇帝敕封为“云南王”的皮逻阁“有福有禄”。汤盅选用葫芦造型，乃“福禄”谐音。

七、蒙化八馔——彝族“八大碗”

巍山，明代设蒙化府，民国设县，1954年改称“巍山”。巍山彝族民间“八大碗”古老且独具特色。相传“八大碗”已有上千年的悠久历史，是曾经辉煌250多年的南诏王室的宫廷菜。当年南诏第六代王异牟寻曾先后派遣大批王室子弟到内地学习中原文化，促进了当时经济的发展和繁荣。也正是在那个时期，南诏宫廷菜慢慢演变成了八大碗、八加二或八加八的菜式。随着时间的推移，“八大碗”菜谱逐渐流传于民间，形成了巍山独具风味的八馔美食。

1.礼成赐福——毕摩羊排

精选上等新鲜羊排精心腌制，融合西餐烹制手法煎烤而成，入口柔嫩，香味浓郁，过口难忘。毕摩是彝语音译，“毕”为“念经”之意，“摩”为“有知识的长者”，是主持祭祀活动的祭师（祭祀是华夏礼典的一部分，更是儒教礼仪中最重要的部分）。“羊”为祭祀的主要物品之一，故名“毕摩羊排”。

2.羌煮余韵——坨坨肉

坨坨肉彝语“哈卤吉”，寓意富裕美满。彝族常把猪肉砍成拳头大小的坨坨块状煮熟后食用（肉越大坨代表主人越好客）。上桌的坨坨肉皮色金黄，瘦肉脆嫩，肥而不腻，肉质香鲜可口，体现了彝族传统的饮食文化。彝族是古羌人南下在长期发展过程中与云贵高原上的土著部落不断融合而形成的少数民族。此菜取名“羌煮余韵”，意在彰显彝族历史悠久，文化传承。

3.忠肝义胆——网油焦肝

网油焦肝是巍山彝族的传统名菜，用网油包肝粒，经多次加热成熟，外脆里嫩，齿颊生香。蒙舍诏能统一六诏成就霸业，除彝王皮逻阁的智勇双全外，还要有一批“忠肝义胆”将士组成的团队，此菜以此借名。

4.蒸蒸日上——土司粉蒸红曲肉

“土司”是元、明、清各朝在少数民族地区授予首领的世袭官职，巍山是云南推行土司制度时间最长的地区之一。清朝雍正年间开始“改土归流”改革，将世袭的土司改为由朝廷任免的流官（“流官”指任职者来来去去、不断流动的意思）。此菜是对曾经存在过的土司菜肴的一种历史记忆。“粉蒸”彝语“哈麦扑”，寓意幸福美好。五花肉裹红曲米粉蒸熟，碗底垫红薯或土豆，荤素搭配。在红曲霉蛋白酚的作用下，肉质细嫩，红润透亮，香喷喷的表层米粉让人馋涎欲滴，胃口大开。

5.普天同庆——黄金酥肉

酥肉是云南各民族较喜爱的一道传统名菜，彝语称“哈谢卤”，寓意普天同庆。酥肉出锅时，色泽鲜艳、酥而不烂、肥而不腻、香酥、嫩滑、爽口，不仅味美汤鲜，而且营养丰富。此菜意为六诏统一，南诏建国，普天同庆。

6.黑牡白雪——野木耳粉丝

黑木耳可素可荤，味道鲜美，其营养价值高，被现代营养学家盛赞为“素中之荤”。此菜彝语“那法古”，寓意一家团圆。

7.红河之源——山水豆腐

在云南，说起豆腐自然会想到红河州，而红河这条唯一发源于云南境内的国际河流，其源头在巍山。巍山也盛产豆腐，其吃法多样，此菜类似“坨坨肉”，块大且色泽金黄，咬开则细嫩洁白，色、香、味俱全，入口生津，落肚口有余香。

8.只鸡樽酒——鸡血饭

南诏王在征战中，常以鸡血“歃血为盟”。鸡血也是理想的补血佳品之一，常被制成“血豆腐”，用血豆腐制作菜肴称之为"液体肉"。成语“只鸡樽酒”指简单的酒菜，此菜系东道主对本次宴会的谦辞。

八、世代相承——主食

炟肉饵丝

传说巍山炟肉饵丝的创始人是南诏国开国元君细奴逻。细奴逻未发祥时，同彝族同胞一起以打猎为生。有一天在围猎时碰到大火烧山，森林里的野猪被烧死了，他们就把烧黄了的野猪煮着吃，觉得非常香美。后来他们就常把猎到的野猪用火烧后再煮了吃，并加入独具特色的巍山饵丝作主食，渐渐流传下来。发展成为今天色、香、味俱全的炟肉饵丝。

九、洪武饼啖——点心

火把梨配甜茶

红梨是巍山县高原特色农产品之一，中国地理标志产品。此面点用巍山红梨造型，制作工艺精良，以假乱真，凸显厨师手艺，让人爱不释手，不忍下箸。始建于明洪武二十三年（1390年）的巍山古城，至今仍完整地保留着明清风格，是中国保存最完好的明清古建筑群。将特意制作的精美点心取名“洪武饼啖”，有浓厚的历史文化象征意义。

苦尽甘来“山果蜜饯”

浪穹诏“油淋羊干巴”

主料：羊干巴

制作方法：1.选用羊里脊腌制好的羊干巴，切成薄片，锅内烧水，待水开时放入羊干巴焯水，沥出；

2.起锅烧油待油温升至五成热时倒入羊干巴和干椒段炸制微黄捞出，撒上熟芝麻即可。

蒙舍诏“香煎汇”

主料：干豌豆粉皮、韭菜根等

制作方法：1.将菜籽油炼透后放入葱姜，待炸出香味葱姜变金黄后捞出；

2.七成油温放入干豌豆粉皮炸至蓬松金黄即可；

3.待油温在五成热时放入干韭菜根炸金黄酥脆即可；

4.待油温在三成热时放入干香椿炸至酥脆即可；

5.将炸好的食材装盘，撒上椒盐即可。

施浪诏“卜蒜薹”

主料：蒜薹

制作方法：1.蒜薹清洗干净，放在阴凉通风的地方吹干水分；

2.把前面尖头的叶子部分去掉，切成5厘米的小段；

3.放入盐，盐和蒜薹的比例是5：1，加入红糖粉、草果粉、八角粉、高度白酒、辣椒面，用勺子搅拌均匀；

4.准备一个无油，无水的干净的坛子，把拌好的蒜薹装进坛子里面，拧上盖子，放置在阴凉通风的地方15天即可。

邆赕诏“玫瑰乳扇卷”

主料：乳扇

制作方法：1.乳扇切成宽5厘米、长6厘米的条状；

2.待油温升至3成热时，放入乳扇炸至表面起泡，捞出用筷子夹住一头，卷成圆形；

3.炸制好的乳扇卷，用裱花袋挤入玫瑰花酱即可。

蒙巂诏“泡辣子”

主料：当地辣椒

制作方法：1.把辣子清洗干净，放入通风的地方晾干水分；

2.放入少许盐腌制辣椒40分钟，把腌制出来的水倒掉；

3.取一个无油无水干净的坛子，放入大蒜、姜片、生抽、美极鲜、辣鲜露、白糖、冰糖用干净勺子搅拌均匀；

4.把辣子放入坛子中，拧上盖子，放入阴凉通风的地方30天后即可开盖食用。

越析诏“雕梅猪小排”

主料：猪小排、雕梅

制作方法：1.猪小排砍制成5厘米，放入葱段、姜片、盐、胡椒粉、料酒腌制1小时；

2.待油温烧制七成热时，放入排骨炸至金黄色，捞出控油，锅内放入清水加入白糖和少许盐，待糖化后，注入镇江香醋，放入炸好的排骨和大理雕梅，小火煮至排骨离骨，待汁水浓稠即可。

山珍探源“巍宝山珍刺身拼”

主料：怒江鲜黑松露、香格里拉鲜松茸、昭通鲜天麻、嵩明鲜葛根、漾濞鲜核桃、墨江甜笋、宣威生态秋葵

制作方法：1.将松露、天麻、葛根洗净去皮切片待用；秋葵洗净飞水断生后用冰水冰镇待用；

2.松茸用竹刀削去外皮，切片待用；

3.甜笋去除笋壳，整个飞水断生用冰水冰镇切片待用，鲜核桃去壳去除桃衣用冰水冰镇待用；

4.将所有食材依次摆放到冰盆内，放入紫苏叶、柠檬片、海螺壳、鲜花点缀即可；

5.上桌配芥末酱油蘸食。

特色：精选云南特有食材，一材一格一风味，食鲜食嫩，生态健康。

主料：腊肉、腊肠、血肠、干鸡纵、野生木耳、核桃仁、豆腐皮等

制作方法：1.素鸡：采用优质的干鸡纵、野生木耳、核桃仁、豆腐皮制作而成。干鸡纵用凉水泡发24小时，剁成细末待用；
2.干木耳凉水泡3小时剁成细末用；
3.核桃仁剁成细末待用；
4.豆腐皮用温水泡1小时待用；
5.制锅放少许清油，将鸡纵、木耳、核桃三种原料炒香，放入盐、鸡粉、胡椒、继续煸炒；
6.发好的豆腐皮用毛巾吸干水分，把炒好的原料平铺在豆腐皮上，用布捆成圆形，在用麻绳捆绑结实，上笼蒸制1小时后待冷却后改刀即可；
7.腊肉、腊肠上笼蒸制40分钟后改刀即可；
8.血肠切成厚0.5厘米的片，起锅煎至表面微黄即可；
9.出菜时把素鸡、腊肉、腊肠、血肠拼在一起即可。

文武双全“素鸡拼腊肉、血肠、腊肠”

福禄南诏“福禄一品鲜”

主料：土鸡一只

制作方法：1.将土鸡洗净，砍成小块状，放入葱、姜、盐、胡椒粉腌制45分钟；

2.取一个瓦罐砂锅，将腌制好的的鸡块放入锅内，在放入野生香菇，加入矿泉水小火慢炖4小时即可。

扒香猪头

主料：猪头

制作方法：1.新鲜猪头一个，先用清水浸泡30分钟；

2.再用喷枪烧至整个猪头焦黑，鼻孔用烧红的铁条通干净；

3.放入温水中浸泡后用毛刷刷洗干净成金黄色；

4.汤桶内放入清水，再放入猪头，加入葱、姜料酒大火烧开，小火炖30分钟；

5.取出后放入老卤水内卤至成熟即可。食用时片成薄片配麻辣蘸料。

南诏王宴

礼成赐福“毕摩羊排”

主料：羊排

制作方法：1.取上好羊排改刀成块，放入西芹、胡萝卜、洋葱、盐、胡椒粉、料酒腌制12小时；

2.腌制好的羊排，用所有辅料垫底，烤制40分钟后待用；

3.放上少许黄油、黑胡椒碎，然后用平底锅煎至表面微焦即可。

羌煮余韵“坨坨肉”

主料：带皮五花肉

制作方法：1.选择品质好的带皮五花肉，放入葱姜、料酒上笼蒸制20分钟，取出擦干皮面上的油渍，抹上老抽，入油锅炸至表皮金黄；

2.炸制好的五花肉放入冰水中冷却，把五花肉改刀成5厘米的正方形；

3.取一砂锅放入高汤，加入葱姜、盐、胡椒粉大火烧开，放入五花肉转小火慢炖至肉炽烂；

4.起菜时把五花肉整齐放汤碗中，加入原汁汤，撒上葱花即可。

忠肝义胆“网油焦肝”

主料：猪网油、猪肝

制作方法：1.制作材料有猪网油、猪肝；

2.将新鲜猪肝洗净，用刀剁碎，放入盐、胡椒粉、十三香、葱姜末搅拌均匀；

3.猪网油铺平，把拌好的猪肝均匀的铺在猪网油上面，在卷成圆柱形；

4.上笼蒸制15分钟，取出待凉后切成0.5厘米的厚片，取一不粘锅煎至两面微焦即可。

蒸蒸日上“土司粉蒸红曲肉”

主料：带皮五花肉

制作方法：1.选择一块带皮五花肉，清洗干净，锅内加入清水、葱姜、料酒煮制20分钟取出，待凉后切成厚片，放入盐、胡椒粉、十三香、少许高度白酒、蒸肉粉、红曲米粉、生抽、老抽把肉拌均匀；

2.土豆去皮切成滚刀，放入蒸肉粉、盐、茴香段拌均匀；

3.取一扣碗把肉整齐放入碗里，再把土豆放在肉上面，用保鲜膜封好，上笼蒸制4小时；

4.待上菜时把肉扣出即可。

普天同庆“黄金酥肉”

主料：猪前腿肉

制作方法：1.腌肉：选择猪前腿肉洗净，改刀成宽1厘米、长5厘米的条状，放入盐、胡椒粉、白酒、葱姜腌制30分钟；
2.调糊：采用豌豆粉和蚕豆粉、盐、鸡蛋和成；
3.起锅炼菜籽油，当菜籽油炼透时，油温降低，把腌好的猪肉放入调制好的糊中，油炸至金黄色捞出；
4.取一大砂锅放入高汤，大火烧开放入酥肉，转小火慢炖1小时即可。

黑牡白雪“野木耳粉丝”

主料：野生小木耳、粉丝

制作方法：1.野生小木耳用凉水泡发3小时洗净焯水；
2.粉肠清洗干净，起锅烧水，加入粉肠、料酒、葱姜、胡椒粉煮制30分钟，捞出改刀成小段；
3.取一汤锅，加入高汤，放入粉肠、木耳、盐、胡椒粉，大火煮开转小火慢炖2小时即可。

红河之源“山水豆腐”

主料：嫩豆腐

制作方法：1.嫩豆腐切成5厘米的正方形；
2.取一不粘锅放入炼好的菜籽油，放入豆腐撒上少许盐，煎至豆腐所有面成金黄色；
3.取一砂锅放入高汤，把煎好的豆腐放入锅内，大火烧开转小火慢炖2小时；
4.起菜时把豆腐放入汤碗中，把煮豆腐的原汤浇在豆腐上，撒上熟芝麻即可。

只鸡樽酒“鸡血饭”

主料：大米、新鲜鸡血

制作方法：1.选上等大米用凉水泡制1小时，放入少许盐、胡椒粉、鸡油、拌均匀；
2.取一大砂锅，把米放入砂锅里，再把新鲜的鸡血加入到大米中，小火煲制30分钟即可。

世代相传　主食“耙肉饵丝”

主料：耙肉、饵丝

制作方法：1.新鲜肥肘子放入高汤，加盐、胡椒粉、葱姜小火炖制4小时，至肘子耙烂；
2.选用巍山的饵丝，不易碎，口感好。起锅烧水，待水开后把饵丝到入锅中烫软，装入碗中，再把煮好的耙肉放入饵丝上面，放入香葱、番茄碎、香菜等小料，加入原汁汤即可。

洪武饼啖　点心“火把梨”

主料：面粉

制作方法：1.低精面放入烤箱中，烤成熟面，加入牛奶、奶粉、菠菜汁揉成面团。
2.面团揉好下成30个节，包入豆沙，做成小火把梨的样子；
3.梨的柄用巧克力做成；
4.做好的象形梨用红菜头给梨上色即可。

昆明·过桥米线宴

研发制作：昆明茴香企业熙楼　曾景新

昆明·过桥米线宴　菜单

山珍刺身拼
套炸金雀花
手撕干巴
薄荷拌小花鱼
树花拌树皮
苦菜酥红豆
豆腐双拼
德和香肠
丽江血肠
毫啰嗦
锅粉油皮
油炸丁
香甜花米饭
滇香小炒肉
木瓜乳饼丝
香煎豌豆粉
夹沙乳扇
花皮花生拼柚子
葱油甜菜
大山牦牛牛排
过桥米线
红糖木瓜水

昆明·过桥米线宴

A套

毫啰嗦

“毫啰嗦”别名傣族年糕，也叫泼水粑粑。用糯米、红糖、花生粉、芝麻粉等制成，香糯可口、营养丰富，是老少皆宜的特色美食。过去傣族人只有到过年的时候才能做一次吃，意为吃一次就长大了一岁；现在生活条件好了，天天都可以吃到。

糯米血肠

糯米血肠是纳西族普遍喜爱的食品，纳西语称为“麻补”。原料有猪大肠、糯米、新鲜猪血、食盐、草果面、茴香面等。因采用的原材料不同而分为两类，用鲜血的叫黑麻补，用蛋清的叫白麻补。食用时切成圆片，或油煎炸，或甑蒸热，色泽油亮，异香扑鼻，脍炙人口。

大薄片

大薄片源自云南腾冲，用特制的猪头肉片成薄如蝉翼的大片，肉片大、薄如纸，工于火候，长于刀法，已成为滇西名菜。成菜肉脆嫩，皮筋韧，嚼时有劲，具有咸、酸、辣、麻、香多种滋味，回味无穷，佐酒最宜。

过桥米线宴

石屏烤豆腐

石屏豆腐是长方形成块的，多半是烤着吃。把烤得泡胀的豆腐撕成小块，蘸上花椒、辣椒、食盐、味精等配料，冒着热气送入口中，一边嘶嘶地吸气，一边让舌尖感受豆腐的鲜、香，佐料的麻、辣。有文人写下了这番场景的感受："眉柳叶，面和气，手摇火扇做经纪，婷婷火盆立。酒一提，酱一碟，馥郁馨香沁心脾，回味涎欲滴。"

建水烧豆腐

建水烧豆腐小巧玲珑，约一寸见方。豆腐经火烤熟，逐渐膨胀成圆球状，咬一口，热气从蜂窝状小孔中散出，香味扑鼻。吃烧豆腐调料有干料和潮料两种，干料为干焙辣椒和食盐，潮料为腐乳汁。民谣云："云南臭豆腐，要数临安府。闻着臭，吃着香，胀鼓圆圆黄灿灿；四棱八角讨人想，三顿不吃心就慌。"

白酒煮乳扇

甜白酒主要采用糯米酿造而成，营养丰富，色泽金黄，清凉透明，口感醇甜，风味独特；乳扇主产于大理洱源县，是鲜牛奶煮沸混合三比一的食用酸炼制、凝结，制为薄片，缠绕于细竿上晾干而成。云南十八怪之“牛奶做成扇子卖”，指的就是“乳扇”。

金钱云腿

金钱腿是宣威火腿中的极品，位于猪后腿肘把之上。熟后快刀切片，断面皮薄肉厚，瘦肉红润，皮层金黄，香气扑鼻。入口咀嚼，口感柔韧。当年在西南联大求学的汪曾祺吃后赞不绝口，他在文章中说“云南的宣威火腿与浙江的金华火腿齐名，难分高下。”“昆明人吃火腿特重小腿至肘棒的那一部分，谓之‘金钱片腿’，因为切开作圆形，当中是精肉，周围是肥肉，带着一圈薄皮。”

酥红豆

酥红豆是云南昭通的传统菜肴。是用干红刀豆经煮、炸，配以酸腌菜炒制而成。红豆内含丰富的蛋白质和矿物质，其中以钙和铁的含量为高。酥红豆成菜外酥脆，里滋润，酥香辣酸，味美适口。

红油血旺

血旺也叫血豆腐，源自云南少数民族。它是动物血加食盐直接加热凝固而成的食品，常见的血旺为鸭血、鸡血、猪血制作而来。血旺可以直接吃，也可以搭配其他的食材进行二次烹饪。

树花

树花别名天花菌，含有松蔓酸等多种有利人体的成分，质地柔软，形色似棕黄色胡须，故又名“树胡子”，云南的原始森林、次生林是树花生长的天堂。树花的加工方法很简便，只需用石灰水煮泡后漂洗，去掉其苦涩味，配以佐料作凉拌菜食用，其味清凉可口，是云南的特色佳肴。

醡末肉（酢馍肉）

玉溪地区特色菜，冬腊月制作，常年可食用，味咸香微辣，油润爽口。主料为五花肉，配干萝卜丝、大米等辅料。把干萝卜丝撕散放入装汤的锅内，同时放入切好的肉片，加食盐、辣椒面拌匀，再慢慢分次拌进米粉，直到拌匀即可装入双口罐内加水盖好，食时取出装盘，上笼蒸20分钟即可。

石头鱼舂舂

石头鱼肉质鲜嫩，没有细刺，营养价值很高。明代医药学家李时珍的《本草纲目》说石头鱼能够治疗筋骨痛，有温中补虚的功效。“舂筒菜”是绿色餐桌上最富特色的一道，制作工具必须是竹筒和木棒。烤熟的肉类、植物中的竹笋、苦子果等都是舂菜的佳品，其辣中带香、香中微苦、苦中回甜的独特滋味被誉为一绝。

臭菜春卷

春卷是从“春盘”发展变化而来的。云南春卷与其他地方的春卷比有一些不同之处，一是卷小；二是皮是用鸡蛋液加面粉抓浆起劲，兑水下锅摊成；三是馅心配料多。“臭菜”是滇菜的一大特色。“臭菜”别名羽叶金荷欢，属豆科多年生植物，食用部分为植株的嫩芽、嫩叶、嫩梢，在采收食用部分时就可闻到一种特殊的臭味。

手撕干巴

云南牛干巴肉厚膘肥，色深味香，干而柔软，香咸适中，营养丰富，易于保存携带，早在清代中叶以前已成为滇省之畅销佳品。手撕干巴采用火炭烧烤“并雅”的方法烤制而成，当烤至色褐红油润，敲打撕成丝状，再添加香草烤制而成，食之清香鲜嫩爽口，享有“十里飘香”的美称。

酥油茶

酥油茶是云南迪庆藏族的特色饮料，用酥油和浓茶加工而成。先将适量酥油放入特制的桶中，佐以食盐，再注入熬煮的浓茶汁，用木柄反复捣拌，使酥油与茶汁融为一体，呈乳状即成。酥油茶多作为主食与糌粑一起食用，有御寒、提神醒脑、生津止渴等功效。

B套

炸牛皮

炸牛皮是傣族的一道风味食品。牛皮油炸前只有筷子般细，放入热油锅中文火加热，直至牛皮受热膨胀发泡、颜色微黄时取出即可上桌食用。炸后又泡又粗，松软香脆，咀嚼时有响声，香脆诱人。除了可直接蘸喃咪食用外，傣家人还拿来就着米线、米干等食物当作料吃。

炸虫拼

昆虫体内含有丰富的蛋白质，氨基酸，脂肪、糖类、多种维生素和人体必需的微量元素，是一座巨大的生物营养源宝库。在人类的进化中，昆虫曾作为食品在许多国家和地区得到普遍的重视，云南各族人民自古就有食用昆虫的习俗。昆虫食品，昆虫菜肴的开发和利用，将为滇菜的发展增添无限的光彩，

鸡豆凉粉

鸡豆又名“鸡豌豆”，是豌豆的一个变种，因富含黑色素，因此做成的凉粉外表呈现黑色。所以也叫“鸡豆黑凉粉”。清代《丽江府志》中，把这种风味小吃称作“食黑豆腐”。鸡豆富含人体易吸收的多种维生素等营养物质，鸡豆凉粉制作技艺已列入丽江市“非物质文化遗产”名录。

麻辣小绿豆

“小绿豆”是蚕豆的一个特殊稀有名贵品种，白皮绿心，只生长在保山。特殊的地理气候使其营养物质含量均比普通蚕豆高，被誉为云南高原特种绿蚕豆。未经加工之时，豆壳洁白光亮，豆瓣却通体翠绿，十分惹人喜爱，故保山人给它取了个十分形象的名字——透心绿。口感酥脆为其显著特色，享用之时“咯嘣”有声，满口流香，是独具风味的“绿色美食”。

蒙自年糕

蒙自年糕是云南省传统名特食品之一，用优质糯米加红糖或白糖等制成。蒙自年糕有黄、白两色，象征金银。前人有诗云：“年糕寓意稍云深，白色如银黄色金。年岁盼高时时利，虔诚默祝望财临。”我国许多地区过年时都讲究吃年糕。

苍洱冻鱼

苍洱冻鱼是在大理白族传统名肴“大理红冻鱼”的基础上创新出的一款凉菜，用洱海出产的黄壳鱼制作而成。头部，背鳍部位放红色鱼子酱，头背后及胸鳍尖部放黑色鱼子酱，划水和鱼尾放蛋黄泥；鱼背部放蛋白泥拌匀。成菜形象逼真，色彩艳丽，晶莹通透，鲜甜滋嫩，清香可口。

油渣丁

“油渣丁”是道宣威菜。因其色金黄，香扑鼻，味酥脆而颇受欢迎。选用上好的五花肉，切成大小一样的丁块后，用葱姜蒜等调料后腌制15分钟。将油加热到八成，把腌好的肉放入锅里用中小火慢慢炼制，等油脂都开释出来，肥肉变干呈金黄色关火；两分钟后再开火炸至肉质酥脆后起锅，加入干辣椒自制香料再炒一遍上桌。

黑皮子

这道菜在云南许多地方都有，做法大同小异，名称不尽相同。把五花肉连皮先切成块，煮至六七成熟后，抹上蜂蜜、白酒放进烧热的油锅里煎。经过水煮油煎的五花肉，色泽棕红发亮，肉味香浓，层次分明，肥瘦适宜，入口肥而不腻，甜味适中，味道滋嫩。

饮和香肠

香肠是一种古老的食物生产和肉食保存技术的食物，是中华传统特色食品之一。中国香肠始见载于北魏《齐民要术》的“灌肠法”，其法流传至今。中国灌香肠不加淀粉，可贮存很久，熟制后食用，风味鲜美，醇厚浓郁，回味绵长，越嚼越香，远胜于其他国家的灌肠制品。

牛肝菌

云南野生菌的品种繁多，“菌香烟雨中，异味滇海闻”。其牛肝菌菌体肥大，内含丰富的蛋白质、碳水化合物、钙、磷、铁、核黄素等，营养价值高。牛肝菌成菜肉质清香脆嫩，可单料为菜，还可以与各类畜禽、海鲜食料为伍，制作出多种味美可口、风味不一的菜式。

咸水鱼

新鲜的咸水鱼，鳞质鲜艳有光泽，肉结实。用煎的方法烹饪咸水鱼，煎鱼时如果粘锅，办法是先用食盐腌鱼使其流失水分，同时放在冰箱里抽湿或下锅前用干布把鱼身擦干。切记先烧红锅再下油，鱼还未煎够“老身”就不要翻转，这样才能煎出香脆的咸水鱼。

刺五加

刺五加又名五加皮，始见于《神农本草经》，列为上品。上品乃指无毒，久服可以轻身、延年益寿而无害。刺五加自古即被视为具有添精补髓及抗衰老作用的良药，春天采摘嫩芽可食用，是优质的山野菜。

苦果

小苦子果为多年生草质灌木本茄科，别名山茄子、苦子果。性凉，味苦。有清热解毒、消炎利喉等功能。民谚“白花簇簇子孙多，一颗果子一丸药；生性寒凉味儿苦，食疗养生伴吃喝；做菜不怕下油锅，伴君常唱祝酒歌。”

七彩豆圆

七彩豆圆是云南壮族的传统美食，色彩鲜艳，香糯回味。七彩米是用可食用的野生植物的根、茎、花、叶分别捣碎，提取出红、黄、蓝等几种色素，用这些色再调出其他色彩。七彩豆圆蒸熟食用，也可油炸后食用，是壮族人家年、节和招待宾客的美食。

赛蝎子

“赛蝎子”是形象比喻，其食材为生长在临沧地区原始森林中的一种刺竹笋，是稀有的竹中珍品。当地人挖来后煮半熟、晾至半干，或埋入土中，或置于缸内使其发酵，成为灰褐色“臭笋”。它含丰富的蛋白质及多种氨基酸，属纯天然保健食品。

生皮

大理“生皮”类似于西餐烤牛排七八成熟的概念。生皮的选材、制作都特别讲究，对猪的品质要求很高。猪宰杀后，要用松毛烧毛，烧的过程中猪皮渐呈金黄，所以说生皮并不全是生肉，通俗的说法应叫“火烧猪”。然后选取猪后腿肉和里脊、腰脊肉作为主料，“生皮”的肉要切得细而不碎。蘸水是生皮的“灵魂”，配制时选取野花椒、糊辣子、大麻籽、蒜末、生姜、芫荽、白糖、食盐、酱油和地道的梅子老醋等调制。

山珍刺身

主料：洗净鲜松露100克、削皮净牛肝菌100克、削皮净松茸100克

制作方法：1.将松露切成0.3厘米片；

2.将牛肝菌入高汤煮熟透（小火慢煮30分钟），再放入冷高汤内泡冷，然后切成0.3厘米片；

3.将松茸切成0.3厘米片；

4.用大冰盘将以上三种菌片码放整齐，摆成所需图案；

5.将新鲜红小米辣去籽切成细末约10克，蒜仔切成细末约10克，将二者混匀、倒入50克一品鲜酱油，即成刺身蘸料。

操作要领：1.牛肝菌必须按时间煮透；

2.处理松茸时不能用水清洗，削皮后即可。

特点：菌味香浓、口感脆爽。

套炸金雀花

主料：新鲜金雀花100克，脆浆粉100克、蛋清50克

制作方法：1.将金雀花用淡盐水漂洗，用干毛巾吸去水分，入1克盐腌制；
2.将脆浆粉加入蛋清调成脆浆糊（略清不能浓厚），再加入5克大豆油拌匀；
3.金雀花裹上脆浆糊，入油锅炸至外酥里嫩，滤油装盘，跟椒盐小碟即可。

操作要领：1.糊调制时不宜太稠；
2.炸制时要炸两遍，一遍定形、二遍炸酥。

特点：时令性强、外酥里嫩。

手撕干巴

主料：腌制好直丝黄牛干巴250克、小米辣碎5克、大香菜10克

制作方法：1.将牛干巴入烤箱烤制1小时（底火180℃、面火150℃）；
2.将烤好的牛干巴用刀背拍松，然后撕成粗丝状；
3.锅内留油，将干巴丝入锅炒香；
4.把小米辣、大香菜与炒好的干巴丝拌匀即可。

操作要领：1.烤炸干巴时要两面烤香、烤黄；
2.在锅内炒制时不宜过干。

特点：咸鲜干香、麻辣爽口。

主料：洗净小花鱼200克、薄荷嫩芽20克、鲜红小米辣碎10克、蒜泥5克

制作方法：1.将洗净的小花鱼加入料酒、葱姜水及2克食盐腌制30分钟；
2.将腌制的小花鱼拍干粉入油锅炸至酥脆（油温五成）；
3.用8克一品鲜酱油加入小米辣、蒜泥、少许味精调成味汁；
4.将小花鱼及味汁充分拌匀，加入薄荷芽拌匀即可。

操作要领：1.小花鱼必须提前腌制除腥入味；
2.炸鱼时油温不宜过高。

特点：小鱼酥脆、薄荷味香浓。

薄荷拌小花鱼

树花拌树皮

主料：净树花100克、净树衣100克、小米辣10克、蒜泥10克、大香菜5克、小香菜5克、柠檬水5克、水豆豉10克

制作方法：1.将干树花、树衣用冷水浸泡120分钟，择净余水后用高汤煨煮30分钟，滤尽水分待用；

2.用10克一品鲜酱油加入小米辣、蒜泥、柠檬水、水豆豉调成酱汁，浇淋树花树衣上，最后撒上大、小香菜即可。

操作要领：1.树衣、树花必须提前用冷水浸泡；

2.煨煮时间一定要足。

特点：酸辣干香、食材独特。

苦菜酥红豆

昆明·过桥米线宴

主料：煮熟红豆200克、小苦菜秆100克、干椒段10克

制作方法：1.将煮熟红豆入食盐（1克）拌匀；

2.将腌制过的红豆放入六成温油锅中炸至定形，然后用低温油（约三成）炸至酥脆捞起；

3.锅中留油，下干椒段爆香，入苦菜段炒至断生，再入炸好的红豆，最后调味装盘。

操作要领：1.炸制红豆时必须高油温定形，再用低油温炸脆；

2.小苦菜不能炒得过熟。

特点：色彩明快、酥香脆爽。

德和香肠

主料：德和香肠（半成品）300克

制作方法：1.香肠入锅中汆水5分钟，入蒸箱蒸30分钟；

2.将蒸好的香肠切成0.3厘米厚片装盘即可。

操作要领：香肠必须汆水后再蒸制。

特点：腊味浓郁、麻辣咸香。

豆腐双拼

主料：建水豆腐12块（约150克）、石屏豆腐12块（宽3厘米约200克）、椒盐10克

制作方法：1.将两种豆腐置于炭火烧烤架上，烤至两面脆黄装盘；

2.将云南腐乳捣碎，加纯净水调成稀糊状，再加入碎小米辣、蒜泥、耗油、红油、香菜，调成豆腐蘸水，配合椒盐上桌即可。

操作要领：1.炭火不宜过大；

2.烤时要不停翻动，使之受热均匀。

特点：咸香脆爽、外酥里嫩。

主料：丽江血肠350克（半成品）
制作方法：1.将半成品血肠入笼蒸15分钟后取出晾凉；
2.将血肠切成0.4厘米厚片，入不粘锅两面煎黄即可。
操作要领：煎制时要使皮面煎脆。
特点：风味独特、软糯鲜香。

丽江血肠

主料：糯米粉250克、土红糖100克、熟芝麻10克、烤香花生细颗粒20克、猪油少许、芭蕉叶12方
制作方法：1.糯米粉加入清水调成面状，再分别加入红糖、芝麻、花生、猪油、拌成初面；
2.将芭蕉叶改刀成长12厘米、宽5厘米的叶片，入沸水中氽透，然后迅速捞起放入冷水中泡冷；
3.用芭蕉叶把初面包成方块12件；
4.将包好的半成品上笼蒸15分钟即可。
操作要领：1.初面不宜过干；
2.红糖不宜过多。
特点：香甜软糯。

毫啰嗦

主料：干油粉皮100克

制作方法：1.将油皮放入150° 油锅炸至膨化酥脆；
2.将炸好油皮改成4厘米方块即可上桌。

操作要领：1.油温控制在150° 左右，起锅迅速；
2.上桌时油皮要大片。

特点：色泽金黄、口感酥化。

锅粉油皮

主料：三线肉丁（长2厘米、厚宽1厘米）300克，干椒段、花椒少许。

制作方法：1.把三线肉按要求改成丁，入少许盐、料酒、葱姜水腌制30分钟；
2.锅烧热放少许油，入肉丁进行小火煸炒，炒至肉丁发黄，质感酥脆起锅待用；
3.锅留油，放入干辣椒、花椒爆香，入肉丁爆炒调味即可。

操作要领：1.三线肉要肥瘦适中；
2.煸炒时必须小火。

特点：麻辣酥脆、咸香浓郁。

油炸丁

香甜花米饭

主料：五色花糯米各50克、蜂蜜40克、烤香花生米30克、白糖20克、猪香少许

制作方法：1.分别将五种花米用凉水浸泡60分钟后捞起；
2.花米控水后，分别放猪油拌匀后上笼蒸30分钟即熟；
3.把蒸熟花米按所需图案摆放加热；
4.烤香花生米，拌入白糖装碟，后跟蜂蜜作为花米饭蘸碟上桌即可。

操作要领：1.花米饭必须提前用冷水泡到所需时间；
2.蒸饭时不用加糖，待上桌后按客人喜好蘸食。

特点：色泽鲜艳、软糯香甜。

滇香小炒肉

主料：猪后腿二刀部位（肥瘦适中）300克、姜头10克、姜片2克、拓东咸酱油、干椒段、蒜苗、水粉

制作方法：1.后腿肉切成厚0.2厘米片、下食盐、葱姜水、蛋液、酱油、水粉进行浆制，蒜苗切成0.8厘米的小段；
2.热锅温油，下肉滑至断生捞起待用；
3.锅内留油，下干椒段、葱头、蒜片爆香，投入肉片，调味，最后撒入蒜苗段炒香起锅即可。

操作要领：1.猪肉要肥瘦适中；
2.蒜苗最后入锅以免变色。

特点：肥瘦适中、咸香滑嫩。

木瓜乳饼丝

主料：净生木瓜120克、乳扇180克、胡萝卜20克、食盐、味精、橄榄油适量

制作方法：1.生木瓜切细丝、胡萝卜切细丝待用；
2.乳扇入烤箱烤至发黄出油（底火180℃、面火200℃、约5分钟），然后切细丝；
3.将三种原料混合调味拌匀即可。

操作要领：1.三种原料必须切细丝；
2.乳扇必须烤制。

特点：脆软相兼、乳香浓郁。

香煎豌豆粉

主料：呈贡豌豆粉（半成品）300克、椒盐、蒜泥、香醋、油辣椒、酱油、味精、香菜末

制作方法：1.将豌豆粉改刀成长5厘米、宽2厘米、高2厘米的方块，下入平底锅中，两面煎香煎黄装盘；
2.用小碟把蒜泥、香醋、油辣椒、味精、酱油调成蘸汁，撒上香菜和椒盐，一块作为蘸料。

操作要领：要两面煎香煎脆。

特点：豆香浓郁、酸辣适中。

主料：乳扇150克、豆沙200克

制作方法：1.乳扇改刀成长10cm宽4cm的片，把豆沙制成长4cm直径0.2cm的条状；

2.锅下油，油温三成（110°上下）时依次投入乳扇，将乳扇炸至起泡酥软时，用乳扇把豆沙包卷成直径2.5cm的圆柱状即可。

操作要领：炸制乳扇油温必须在110°左右，包卷时动作迅速。

特点：酥脆香甜、乳香四溢。

夹沙乳扇

主料：去皮的花皮花生150克、去皮净柚子果肉250克、八角粉、草果粉、香叶粉少许、蓝莓酱100克

制作方法：1.把香粉加500克清水、入食盐制成卤水，放入花生浸泡8小时，充分吸味后，捞起入烤箱烤至酥脆；

2.蓝莓打碎成泥状，放入块状柚子拌匀即可装成双拼状。

操作要领：1.花生浸泡够时间，让其入味；

2.柚子不宜过甜过酸。

特点：双拼搭配适宜不同的味蕾冲击。

花皮花生拼
蓝莓柚子

葱油甜菜

主料：净甜菜800克、葱丝10克、红椒丝10克、蒸鱼豉油20克

制作方法：1.锅中水烧沸，淋油后下甜菜煮八分熟，迅速捞起装入10个味碟；
2.甜菜上淋入豉油，放葱丝、红椒丝分别抢油即可。

特点：爽口脆嫩，葱香浓郁。

大山牦牛牛排

原料：牦牛牛肋骨3000克，八角、草果、香叶、山萘、茴香、黑胡椒碎、黄油

制作方法：1.牦牛骨斩件（每件长约10厘米），漂尽血水待用；
2.把香料一起调成红卤水待用；
3.牛肋骨入卤水，小火卤制120分钟，待泡软时捞起；
4.牛肋排装烤盘，上面抹黄油，入烤箱烤15分钟（底火150°，面火250°），表皮烤香脆后撒入香黑胡椒即可上桌。

操作要领：1.牛肋骨卤制时必须用小火；
2.烤制时面火必须用大火。

特点：饱糯鲜香。

过桥米线

主料：凉鸡50克、熟火腿片50克、生鱼片30克、里脊肉片30克、韭菜段20克、豆芽中段20克、食用玫瑰5片、白菜丝30克、鲜豆皮20克、鹌鹑蛋、葱花香菜、榨菜、酥肉

制作方法：1.把上述材料改刀成相应的段或丝；

2.把改刀食材按相应的要求摆成相应的图案。

操作要领：对不宜烫熟的食材应做相应的加工处理。

特点：色泽分明、荤素搭配合理。

红糖木瓜水

主料：半成品木瓜冻2000克、甜木瓜100克、红糖200克、干桂花10克、玫瑰糖200克

制作方法：1.用1000克纯净水，加红糖、玫瑰糖制成糖水，密封放入保鲜冰箱冷藏60分钟；

2.把木瓜冻及甜木瓜改刀成1cm正方丁，分别放入10个位盅里；

3.把冷藏后的糖水浇入位盅里，撒入适量干桂花即可。

操作要领：糖水不宜过甜，需冷藏，温度在-5°—5°之间。

特点：冰凉解暑，玫瑰香浓。

西南联大时期云南宴

研发制作：昆明福照楼餐饮有限公司　丁亮

南渡北归·联大时期云南菜（文科版）　菜单

正气汽锅鸡
四位碟
水晶卷粉
金钱片腿
滇味拼盘
宜良小刀鸭
联大风骨
山花烂漫
火焰煤球
大炖鳝鱼
鱼杂烩鱼
老昆明铜炊锅
藠头河鲜
韭菜肝丝
腌菜豆尖
奶汤摩登粑粑
三夹乌鱼片
荷叶粉蒸骨
缤纷木瓜水

文化诠释——文科版

正气汽锅鸡：汽锅鸡是滇菜中最有特点的当家菜。福照楼的汽锅使用的是云南最有名的建水紫陶，选用的是纯天然的小嫩土鸡，鸡汤是从鲜嫩的鸡肉里蒸出来的。当年西南联大的师生一到昆明，就爱上了这道菜，而且特别喜欢“培养正气”这四个字，因为国难当头，最需要正气，这四个字特别能代表他们的心声。

四位碟：酸、甜、苦、辣

西南联大的师生常常说，什么滋味都要尝一下，才是完美的人生。尤其是在全民抗战的岁月，他们更能体会什么叫酸甜苦辣。

金钱片腿：云南火腿，也称云腿。金钱片腿选用的是最好的宣威火腿。西南联大时代，市面上还可以使用银圆和铜钱，铜钱外圆内方，片腿同样外圆内方，所以叫金钱片腿。

水晶卷粉：卷粉是昆明最常见的食品。卷粉晶莹剔透。当年西南联大的师生，能够在动荡的岁月里保持一颗水晶般纯洁的心灵，所以他们把这道菜叫作“水晶卷粉”。

滇味拼盘： 西南联大时代，物资匮乏，鸭脚、鸡头、鹅翅……都是难得的美味，都是最好的下酒菜；西南联大的师生来自五湖四海，滇味不是很辣也不是很甜，可以照顾到大多数人的口味。

宜良小刀鸭： 西南联大时代，很多教授住在昆明附近的宜良，他们最爱宜良的小刀鸭。宜良烤鸭不仅美味，而且营养价值高，吃不完还可以打包带走，让夫人和孩子也打打牙祭。

山花烂漫： 昆明的鲜花四季常开，西南联大的师生们一来到昆明，就爱上了昆明的山、昆明的水，更爱上了昆明的花。这道菜命名为“山花烂漫”，代表着他们心中盼望抗战胜利、盼望北归家园的美好希望。

联大风骨： 在兵荒马乱时代，西南联大的师生时刻都在提醒自己，人不能有傲气，但不可无傲骨。这道以排骨为主要食材的大菜，命名为“联大风骨”。

大炖鳝鱼： 昆明有山有水，食材特别丰富。西南联大的师生们会利用节假日，到昆明郊区的小沟小河和田坝里捞鱼摸虾，而野生鳝鱼就是极品美味。这道大炖鳝鱼味美肉嫩，富含蛋白质。

鱼杂烩鱼： 昆明山清水秀，有西山、滇池。滇池最多的是鱼，当年因为生活艰难，各种鱼就成了西南联大的师生们滋养身体的最好食材。这道鱼杂烩鱼，是最大限度利用食材，不但要鱼肉，连鱼杂也不浪费。做出了难得的美味，留下了珍贵的记忆。

铁锅烘蛋： 抗战时期，生活艰难，能够吃上一个鸡蛋也不容易。西南联大的师生，得到一个鸡蛋，也要慢慢享用，吃出诗意来。

荷叶粉蒸骨：昆明四季花开，特别是西南联大附近的翠湖，一到夏天，全是翠绿的荷叶和大朵大朵的荷花。

三夹乌鱼片：乌鱼是昆明特有的一种鱼，也是西南联大师生们喜爱的一种食材。这种鱼虽然叫乌鱼，肉质却雪白细腻，符合联大师生们“出淤泥而不染”的情怀。

藠头河鲜：西南联大时代，物资匮乏，师生们一路奔波而来，也没什么钱。小河小沟里的小鱼小虾就成了师生们的最爱。用昆明风味的腌藠头藠炒出来的河鲜，够辣、够咸、够鲜，最下饭。

韭菜肝丝：这道韭菜肝丝，选用最新鲜的韭菜和猪肝爆炒而成。西南联大的师生常说，割不完的韭菜，意思是全民抗战，绝不屈服；他们还常说吃肝补肝，意思是全国人民肝胆相照，就一定能胜利。这一道小菜，被西南联大的师生吃出了文化、吃出了精神。

腌菜豆尖：西南联大的教授夫人们，上得了厅堂，下得了厨房。来到昆明后，腌腌菜成了她们必须掌握的一门手艺。只要还有腌菜，一家老小就有菜吃。

奶汤摩登粑粑：摩登在英文里边，就是时髦的意思。西南联大的师生们见到昆明的这种小吃，觉得又好奇又好吃，于是加了摩登两个字，这也体现了西南联大师生们的文化和幽默。

缤纷木瓜水：木瓜是云南特有的食材，木瓜水清凉解暑，五彩缤纷。据说当年西南联大的青年男女谈情说爱时，它必备的饮品。

正气汽锅鸡

主料：无量山乌鸡900克
辅料：姜30克
调料：料包1包
制作方法：鸡砍小漂洗干净，料包放入汽锅中，放入鸡块并加入矿水500克，上灶蒸制3小时即可。

主料：山药80克、水腌菜秆80克、苦瓜80克、牛里脊80克
制作方法：山药飞水后拌入蜂蜜；牛里脊切条腌制炸干后干椒炒。

四味碟

水晶卷粉

主料：卷粉200克
辅料：豆荚100克
制作方法：卷粉切成三角形，豆荚飞水煮熟放入榨汁机，加入牛肉汁，食盐、味精、打成汁浇在卷粉上。

金钱火腿

主料：火腿肘150克
制作方法：火腿肘去骨捆起煮熟，放凉切片即可，配蜂蜜。

主料：米线900克、火腿丝50克、黄瓜丝50克、青笋丝50克、胡萝卜丝50克、油鸡㙡50克

辅料：油辣椒30克、自制蘸水300克

调料：甜酱油800克、咸酱油600克、陈醋600克、白糖红糖300克、食盐8克

制作方法：1.所有主料切丝备用；

2.米线加入芝麻油拌匀，摆盘定型；

3.将切好的主料均匀地铺在米线上，点上油鸡㙡，撒上香菜；

4.配带汁水上桌即可。

滇味拼盘

宜良小刀鸭

主料：鸭子1000克

制作方法：鸭子上色晾干，入炉子，烤至金黄，砍成块，配甜酱大葱白。

联大风骨

主料：净猪排400克

辅料：小洋芋150克、大香菜15克、香柳10克、姜蒜末10克、折耳根10克、小米辣10克、花生碎25克、香芝麻5克

调料：食盐3克、辣鲜露10克、大料油10克、一品鲜5克、鸡粉5克、糖2克、胡椒3克

制作方法：1.排骨漂洗卤制；
2.小洋芋去皮蒸熟备用；
3.锅入油，排骨炸至金红，小洋芋炸至金黄；
4.锅入大料油，下入辅料炒香，调味；
5.下高汤少许，放入排骨，小火烧至汁水收干时，下入大香菜、香柳，撒上芝麻、花生；
6.装盘，造型、撒葱花即可。

主料：地参40克、橄榄片40克、乳扇40克、沙松尖40克、苦果40克、青苔40克、苦荞片40克

辅料：喃咪蘸水、胡辣子干蘸

制作方法：1.将青苔卷起，入烤箱，烤熟备用；

2.将所有主料入油锅炸香定型备用；

3.摆盘、造型。

山花烂漫

西南联大时期云南宴·文科版

主料：土豆泥500克、黑芝麻末150克、芝麻糊2袋

辅料：黄油10克、糖5克

制作方法：1.土豆泥加黑芝麻、黄油，芝麻糊拌匀造型；

2.入烤箱烤制30分钟装盘即可。

火焰煤球

大炖鳝鱼

主料：鳝鱼500克
辅料：叶子250克、宣威火腿片80克、大蒜子100克、干椒段5克、草果1个、八角2颗、花椒籽少许、韭菜段100克、薄荷30克
调料：昭通酱20克、拓东酱油5克、白糖3克、味精3克
制作方法：1.锅入油，下入干椒、大料、蒜子炒香；
2.下火腿片、调入昭通酱、炒至油红；
3.投入鳝鱼段、叶子、小火煸炒至断生，注入高汤少许，调味，小火烧至入味。

鱼杂烩鱼

主料：鲫鱼1000克

辅料：鲫鱼内脏（除苦胆）、姜、蒜、小米辣各30克

调料：草果粉8克、八角粉8克、茴香籽面8克、食盐5克、酱油4克、味精4克、糖2克

制作方法：1.鲫鱼入底味腌制，入油锅煎至金黄备用；

2.鱼杂剁细，下猪油炒香，放入草果、八角面、茴香籽炒香，下姜、蒜、小米辣炒香，下入高汤，下入鱼，调味，小火收汁即可。

藠头河鲜

主料：小石头鱼100克、洱海虾100克、小白鱼100克

辅料：藠头120克、泡小米辣15克、小葱头10克、姜蒜末各8克、糟辣子15克

调料：食盐5克、糖8克、一品鲜5克、鸡粉2克

制作方法：1.石头鱼、小白鱼、虾腌制入味，入油锅炸至酥脆，捞出切碎备用；

2.锅入油，下入藠头、小米辣、姜蒜末、糟辣子炒香，投入主料，调味翻炒均匀、放入小葱头炒香即可。

主料：猪肝丝300克

辅料：韭菜头150克、姜丝5克、干椒丝5克

调料：食盐、糖、味精3克，酱油5克，醋4克，花椒2克

制作方法：1.猪肝丝腌制过热油备用；

2.锅入油，下干椒、花椒籽、姜蒜丝炒香，投入猪肝丝，韭菜段，调味、打芡，急火快炒出锅装盘。

韭菜肝丝

主料：摩登粑粑12个

辅料：鲜牛奶250克、泡好米粉200克、炼乳200克、黄油80克

制作方法：1.摩登粑粑煎至金黄备用，锅下黄油，下米粉稍炒，放入牛奶、白糖、炼乳小火熬制浓稠；

2.摩登粑粑改刀，配熬制好的奶糖上桌即可。

奶汤摩登粑粑

三夹乌鱼片

主料：净乌鱼肉300克
辅料：熟火腿200克、玉兰片100克、水发香菇50克、蛋黄糕100克
调料：食盐、味精、糖5克
制作方法：1.将所有主料、辅料切片，夹起扣入碗中，入蒸箱蒸30分钟取出；
2.锅上火，将蒸汁滗入锅中，调味、勾芡，浇在菜上即成。

西南联大时期云南宴·文科版

缤纷木瓜水

荷叶粉蒸骨

主料：紫排400克、粗米粉100克、荷叶
调料：食盐5克，草果、八果、茴香籽面8克，味精3克，白糖5克
制作方法：1.紫排冲净血水备用；
2.排骨下入调料拌匀，下米粉、油少许，垫上荷叶入蒸箱蒸50分钟即可。

南渡北归·联大时期云南菜（理科版）　菜单

四位碟
红汤山珍汽锅
炝牛肉片
得胜桥鱼排
火腿乳扇
小汽锅蒸田鸡
竹笼剁蒸
焖肉豆腐
昆明小炒肉
纸包黑三剁
汽锅米汤野菜
苦菜酥红豆
浓汤洋芋
簸箕烧烤
松茸春卷
定胜糕
火龙果糕
铁锅八宝饭
桂花胡萝卜汁

文化诠释——理科版

四位碟：酸甜苦辣四种滋味，以辣为主。

红汤山珍汽锅：福照楼的汽锅使用的是云南最有名的建水紫陶。云南山清水秀，到处都是山珍河鲜。当年西南联大的师生一到昆明，就爱上了这道菜，而且特别喜欢“培养正气”这四个字，因为当时国难当头，最需要正气嘛，这四个字特别能代表他们的心声。欢迎品尝。

炝牛肉片：云南山高谷深，云南的少数民族世世代代放牛放羊，云南的牛肉非常有名，吃法也很多。全民抗战的岁月里能吃上牛肉，那是非常不容易的事情了。

得胜桥鱼排：鱼排的形状像一座小桥。人人都盼望抗战早日胜利，所以把这道菜命名为“得胜桥鱼排”。

锅贴乌鱼：乌鱼是明特有的一种鱼，也是西南联大师生们最喜爱的一种食材。因为这种鱼虽然叫乌鱼，肉质却雪白细腻，特别符合联大师生们“出淤泥而不染”的情怀。配上锅贴，真是又好吃又耐饿呀！难怪联大的理科生特别喜欢。

火腿乳扇：云南火腿也被称为云腿。乳扇也是云南独有的食材，以优质牛奶制成。西南联大的理科学生最爱这道菜，火腿红、乳扇白，火腿咸，乳扇甜，就像他们的人生，红得鲜艳，白得纯洁。请大家品尝火腿乳扇。

小汽锅蒸田鸡： 昆明有山有水，食材特别丰富。西南联大的师生们，会利用节假日到郊区的小沟小河和田坝里捞鱼摸虾。捉到小田鸡，用小汽锅蒸出来，是地道的西南联大味道。

竹笼剁蒸：西南联大有一些老教授，牙齿不好。当时又找不到什么太好的食材，于是他们的夫人想出了一个好办法，把各种食材剁碎了，放在竹笼里蒸熟，又美味又松软，还带着一丝青竹的香味。

焖肉豆腐：这是西南联大时代最普通的一道家常菜，无论是教授家里还是学校食堂，豆腐都是当家菜，如果还能加上一点肉，那就更稀奇了。这道“焖肉豆腐”，也就成了所有联大人最难忘的记忆。

昆明小炒肉：昆明小炒肉虽是一道最普通的家常菜，在西南联大时代却很难得了，因为生活艰难，很少有肉。所以一定要炒出好味道。回到北方以后，师生们常常怀念昆明的滋味，所以把这道菜叫“昆明小炒肉”。

纸包黑三剁：这道纸包黑三剁，最重要的食材是黑大头菜。这是昆明特有的一种腌菜，炒出来特别鲜美，特别下饭。为什么用纸包呢？因为西南联大时代，师生们都很清贫，吃不完的菜，他们会用纸包起来带走，特别是这道黑三剁，无论是配米饭还是配馒头，都是难得的美味，这就是“纸包黑三剁”的传说。

汽锅米汤野菜：这是一道特别怀旧也特别有意思的菜。米汤煮野菜，用的是汽锅。抗战最艰难的时候，西南联大师生就是靠着这样的食材，勉强填饱肚子，取得了最后的胜利。欢迎品尝。

苦菜酥红豆：云南十八怪，青菜叫苦菜。红豆生南国，此物最相思。这道苦菜酥红豆，昆明特色加文人情怀，意思是身在昆明，思念故土，是当时西南联大师生的最爱。

浓汤洋芋：云南人经常说自己是吃洋芋长大的，可以说，西南联大的师生也是靠洋芋养活的。洋芋，这种云南到处都有的食材，西南联大的师生吃得最多，也最怀念。

簸箕烧烤：西南联大的师生们在昆明的时候，经常到附近的乡镇、农村访问、考察，发现我们云南的老百姓，什么东西都喜欢烤着吃，烤好的食物放在簸箕里，又干净又好看。簸箕烧烤也就成了他们最喜欢的食品。

松茸春卷：松茸春卷。脆饼中包着云南最珍贵的山珍——松茸。当年西南联大的师生到乡下考察，还时不时要“跑警报”，所以都会准备一些饼。把新鲜的松茸夹到饼里，吃起来特别鲜美。这就是“松茸春卷”的来历。

定胜糕：这是西南联大一位老教授的夫人发明的一种糕点。为了补贴家用，老夫人做了一些糕点到街上叫卖。当时的昆明人没见过这种糕点，问老夫人这叫什么。老夫人张口就回答道：定胜糕！就是一定会胜利的意思！

铁锅八宝饭：抗战时代，北大、清华和南开的老教授和青年学生们走了几千里路，来到昆明，办起了西南联合大学。他们就像这锅八宝饭，各种食材、各种颜色、各种调料，调和在一起，做出了最好的味道。

火龙果糕：火龙果是云南特有的一种水果。西南联大的师生们来到昆明后，发现用火龙果调配到糕点里，别有一番风味。

桂花胡萝卜汁：胡萝卜最接地气的蔬菜。桂花“丹桂飘香”。把这两种食材调和在一起，制作成饮料，营养丰富。

红汤山珍汽锅

主料：无量山乌鸡900克
辅料：姜30克
调料：料包1包
制作方法：鸡砍小漂洗备用，料包放入汽锅中，放入鸡块并加入矿泉水500克，上灶蒸制3小时即可。

炝牛肉片

特点：云南山高谷深，少数民族世世代代放牛放羊，云南的牛肉非常有名，吃法也很多。顾客都喜欢这道炝牛肉片。

得胜桥鱼排

主料：净草鱼180克

辅料：豌豆泥20克

调料：番茄酱80克、姜末15克、蒜末30克、糖150克、陈醋200克、自制脆姜500克

制作方法：1.草鱼取净肉，改瓦块片，用葱姜水、味精、料酒腌制备用；

2.将腌制好的鱼块均匀挂上脆姜糊，入油锅炸至定型，将豌豆泥汆水备用；

3.锅留油，下姜蒜末、番茄酱炒香、下适量清水，加入糖、醋、酱油、调好糖醋味，加入豆泥浇在鱼排上即成。

火腿乳扇

特点：云南火腿，也被称为云腿。乳扇，也是云南独有的食材，以优质牛奶制成。火腿红、乳扇白，火腿咸，乳扇甜，就像他们的人生，红得鲜艳，白得纯洁。

小汽锅蒸田鸡

特点：小田鸡是难得的美味，用小汽锅蒸出来，那就是地道的西南联大味道。

焖肉豆腐

主料：豆浆3袋、焖肉80克

辅料：油鸡纵20克，油辣椒5克，酥黄豆15克，葱花、香菜、蒜末5克

调料：内脂6克、白糖4克

制作方法：1.豆浆煮涨，下入内脂白糖，盖上盖子焖5分钟；

2.盛上主料、辅料即可。

主料：猪后腿肉片300克

辅料：蒜苗段150克，姜片、蒜片5克，干辣子少许，花椒少许

调料：猪油15克，五香油10克，花椒油5克，食盐、酱油、糖、味精5克

制作方法：锅入油，放入干椒、花椒、姜、蒜片爆香，下入肉片炒至断生，投入蒜苗段急火快炒装盘。

昆明小炒肉

主料：小苦菜100克、野芥蓝100克、荠菜100克、小米菜100克

辅料：米汤1000克

制作方法：将主料氽水，放入汽锅内，加入米汤，蒸制15分钟即可。

汽锅米汤野菜

苦菜酥红豆

主料：煮熟红豆300克、苦菜末100克

辅料：干辣子、花椒少许、熟火腿末5克

调料：食盐、味精、糖5克

制作方法：1.红豆拍生粉炸至酥脆；
2.锅入油，下火腿末炒香，放入红豆、氽好的苦菜末，调味炒匀即可。

主料：洋芋泥350克、干板菜120克

辅料：蒜苗80克、番茄100克、大香菜15克、树番茄10克

调料：食盐6克、鸡粉3克、糖2克

制作方法：1.锅下猪油，下干板菜炒香，再下入土豆泥煸炒，注入适量高汤，放入番茄，小火煮至浓稠，调味；
2.蒜苗打底，倒入煮好的洋芋浓汤，撒上大香草、树番茄即可。

浓汤洋芋

主料：松茸丝150克、春卷皮20张

制作方法：1.松茸加食盐拌匀，包起；
2.入油锅炸至金黄即可。

松茸春卷

定胜糕

主料：粗糯米粉100克、粗粳米粉100克、绵白糖100克、红糖昔100克

制作方法：1.将粗糯米粉、粗粳米粉一同放入木桶内拌匀，中间扒窝，放入绵白糖、红糖昔拌匀后静置8小时；

2.在糕模内垫入一块小竹板，先向糕模里撒上一层糕粉即成；

3.在蒸锅里放入清水烧沸，将焖桶放于锅上，将糕模放入桶中，蒸制30分钟。待蒸至焖桶中热气透足、糕坯成熟时，取出糕模将糕坯倒出即成。

火龙果糕

主料：红心火龙果800克

辅料：蛋清200克、牛奶250克、金钱草适量

调料：蜂蜜100克、鱼胶粉30克

制作方法：1.火龙果去皮，榨汁备用；

2.将蛋清加入果汁内，倒入牛奶，加入蜂蜜，调味均匀；

3.加入鱼胶粉搅匀进蒸箱；

4.蒸制10分钟定型，取出，摆凉；

5.改刀装盘，点缀金钱草上桌。

西南联大时期云南宴·理科版

铁锅八宝饭

主料：米饭300克、苞谷饭50克、麦子50克、小黑豆50克（应季节增添）

辅料：松露片10克、蚕豆米25克

制作方法：1.锅入猪油，将所有主料炒香调味；

2.装盘撒上松露片、蚕豆米，入烤箱烤5分钟即可。

宣威特色菜宴席

研发制作：晟世仟和酒店　杨家权

宣威特色菜宴席　菜单

水　果　喜迎嘉宾

头　汤　马刺根炖老火腿脚

六味碟　乌蒙炸三拼
稻香风干肚
红土甘露子
荸荠五彩丝
冲菜尚品
炸阴苞谷
茴香爱上了野山椒

冰　盘　黑松茸葛根刺身

主　菜　倒洒金钱
一朵云盗汗白凤乌鸡
宣威全家福（猪肚、猪肝、猪粉肠、猪腰、猪脚、猪舌、猪血、黄豆腐、墩子肉）
家乡扣八珍（扣小刺花、扣小金瓜、扣韭菜根、扣百合、腌菜扣肉、板栗扣肉、扣树须、扣蛋卷）
宣威吹灰点心
宣威小炒肉
家乡血辣子
花菜煮血肠
淡酸汤红豆
砂锅菜豆花

主　食　吊浆米饼
野菜杂粮饼

小　吃　青苞谷粥（位上）

宣威特色菜宴席

宣威东与贵州盘州市毗邻，南同沾益、富源县接壤，西和会泽县隔牛栏江相望，北与贵州水城、威宁县山水相连，地势东高、西北低。最高海拔2864米，最低海拔920米，总面积6069.88平方千米。年降雨量980毫米，年平均气温13.3℃，年平均降水997.7mm，无霜期224天，最冷月平均5℃。极端最低温－4℃。冬无严寒，夏无酷暑。独特的地理、气候环境、造就了一个驰名中外的地方特产“宣威火腿”。

宣威特色宴

宣威火腿驰名中外，早在一九一五的国际巴拿马博览会上荣获金质奖，成为云南省最早进入国际市场的名特食品之一。1920年，宣威浦在庭兄弟将宣和公司改为大有恒公司。1923年在广州举办的全国各地食品比赛会上，获得各界人士的好评。在这次会上，孙中山先生品尝了宣威火腿，觉其色鲜肉嫩，味香回甜，食而不腻，倍加赞赏，留下了“饮和食德”的题词，从此宣威火腿名声大振，远销东南亚和港澳地区，如今还出口日本和欧美一些国家。

作为曲靖市市级非物质文化遗产保护项目的“宣威菜”，以宣威火腿为主要原料，就地选取本地常见、常食的洋芋、干酸菜为常规原料，葱、姜、蒜、辣椒为基础调料，演绎出一道道老百姓常吃不厌的经典菜肴，如：汤八碗、扣八碗、杀猪饭等。

注重突出原料本来的味道，原汁原味，少用复合调味料，是宣威菜的本质特征。

宣威人经过数百年的沉淀，创造了汤八碗、扣八碗、杀猪饭为主要代表的宣威菜系，在生产生活实践中，创造出一个国家级非物质文化遗产保护项目：宣威火腿。两个市级非物质文化遗产保护项目宣威倘塘黄豆腐和西泽白糖

在宣威农村，成年男人，村里的红白喜事，杀猪宰羊，都要去帮忙的，从选、烫到后期的炒制，如果不会一两手，会被村里人视为“无能”，所以宣威男人一般都上得厅堂、入得厨房。勤劳淳朴的宣威人，把菜以做人的标准来做，突出原材料的本质，少用复合调味料，让人常吃不厌，故而宣威菜生命力才能如此长久，让南来北往的顾客接受。

喜迎嘉宾

主料：车厘子、金橘、阳桃、蛇皮果、莲雾、巴西干

制作方法：将水果洗净，切成分枝，装盘即可。

主料：马刺根300克、老火腿脚350克

辅料：矿泉水2000克

调料：食盐6克、味精5克

制作方法：1.将马刺根和老火腿脚汆水备用；

2.入砂锅，加矿泉水文火炖至老火腿软糯后即可调味食用。

宣威特色菜宴席

马刺根炖老火腿脚

乌蒙炸三拼

主料：阴苞谷、红辣椒、洋芋片
制作方法：下油锅炸熟即可装盘。

稻香风干肚

主料：猪肚1个
辅料：洗净稻草
调料：食盐8克、味精3克、大红袍花椒3克
制作方法：1.猪肚洗净，滤干水分，用盐与花椒将猪肚腌制12小时；
2.把稻草放入猪肚中，放入风干房风干，风干后用40° 水温泡制清洗；
3.清洗后上海鲜蒸柜，蒸35分钟即可食用。

红土甘露子

主料：甘露子

调料：八角5克、桂皮5克、花椒5克、茴香5克、食盐5克、老坛泡菜水1000克

制作方法：1.将甘露子洗净，用开水煮3—5分钟，然后用冰块和纯净水泡制5—10分钟；
2.将甘露子捞出，放入老坛泡菜水，香料包，泡制24小时后取出装盘即可。

荸荠五彩丝

主料：荸荠粉50克、纯净水300克

辅料：黄彩椒、红彩椒、青笋丝、宣威小豆芽、土芹菜、胡萝卜

调料：食盐2克、味精1克、酸醋3克、白糖1克、辣椒油3克

制作方法：1.荸荠粉与纯净水混合搅拌均匀，将调制好的荸荠浆放入掌盘，在开水表面定型好后取出放入冷水中漂制；
2.将做好的荸荠片切丝，与五彩丝装盘定型，调味即可。

冲菜尚品

主料：冲菜100克、青豌豆米20克

调料：芥末粉3克、寿司酱油5克

制作方法：1.将冲菜放入开水中煮3分钟后放入冰桶中冷制10分钟；
2.将冲菜切成末，青豌豆米用开水煮熟去皮；
3.将切好的冲菜和豌豆米与调制好的芥末搅拌一起，装盘即可。

主料：鲜苞谷棒
调料：花椒盐2克
制作方法：1.将新鲜苞谷棒用开水煮熟晾冷，然后将苞谷米取下晒干；
2.用7成油温炸酥，调味装盘即可。

炸阴苞谷

主料：黑松露200克，松茸50克
辅料：时令水果三款，鲜花植物五款
调料：美极鲜酱油30克、芥末膏8克
制作方法：1.将黑松露、松茸切片备用；
2.将黑松露、松茸片平铺于冰盘中，用水果、鲜花、植物点缀装盘；
3.配美极鲜酱油及芥末膏蘸碟上桌蘸食。

宣威特色菜宴席

黑松茸葛根刺身

主料：宣威土茴香100克、野山椒20克
调料：红蒜米、葱白花、味盐、生抽
制作方法：1.将茴香用开水煮熟，切成1厘米长的小段，野山椒切圈备用；
2.将茴香、野山椒、红蒜米、葱白花拌匀调味即可。

茴香爱上了野山椒

倒洒金钱

主料：金钱火腿
辅料：矿泉水5000克、甘蔗100克
制作方法：1.选用宣腿精华部位（金钱腿），去骨用麻线勒紧定型，放入矿泉水中，加入甘蔗低温慢煮至熟即可；
2.将煮熟火腿切成2—3毫米厚度，加工成古代铜钱式样，装入盘中即可。

一朵云盗汗白凤乌鸡

主料：放养净土乌鸡一只
辅料：野生一朵云100克、蒸馏水1500克
调料：食盐5克、白胡椒粉2克
制作方法：土乌鸡氽水去血污，将鲜一朵云、土乌鸡放入盗汗锅内，用文火隔水蒸8小时，然后调味后即可食用。

宣威全家福

主料：猪肚100克、猪肝50克、猪腰100克、猪脚100克、猪舌100克、墩子肉100克、黄豆腐100克、原汁刨锅汤1000克、猪粉肠100克
制作方法：1.将所有原材料洗净后入锅，加入姜、葱炖煮去腥，原材料煮熟后取出并切成片状；
2.将切好的片状依次摆入砂锅中，用原汁汤调味后浇淋即可；
3.配用自制手搓煳辣子蘸水。

家乡扣八珍

主料：五花肉、树须、肉末、小刺花、小金瓜、韭菜根
辅料：土鸡蛋、板栗、腌菜
制作方法：腌菜扣肉、板栗扣肉、扣树须、扣蛋卷、扣小刺花、扣小金瓜、扣韭菜根、扣百合，用宣威八大碗传统工艺制作。

主料：洋芋
辅料：自制蘸碟
制作方法：洋芋去皮后放炭火上烤熟，蘸料食用。

宣威吹灰点心

宣威小炒肉

主料：去皮后腿肉薄片300克
辅料：姜片5克、青蒜段20克、大葱段10克
调料：食盐3克、味精1克
制作方法：1.用盖板肉、后腿肉切成薄片加食盐、味精、鸡粉、辣椒面等调味上浆，用色拉油拌匀；
2.汁水用红小米辣、老姜等拌匀即可；
3.炒制时，下入少许猪油、干椒节等炒香，然后下入肉一起炒，入汁水炒香即可。

家乡血辣子

主料：鲜猪血300克
辅料：青蒜苗15克
调料：食盐2克、味精1克
制作方法：1.将鲜猪血与加盐炒香的干椒、五香粉等配料拌匀；
2.锅内下猪油100克，烧热后下入猪血炒散，加入蒜苗炒熟即可调味装盘。

主料：血肠厚片100克
辅料：小苦菜200克
调料：食盐2克、味精1克
制作方法：1.血肠切成圆片，用5—6成油温炸透；
2.锅上火，下辣椒、蒜片炒香，下入花菜一起翻炒，注入清水、投入血肠、花菜煮粑，调味即成。

花菜煮血肠

主料：熟红豆300克
辅料：香菜叶5克
调料：食盐2克、味精1克、煳辣椒3克
制作方法：1.用自制的萝卜丝酸菜入锅煮出酸味；
2.下入红豆，调味煮透即可装盘，撒上许煳辣椒面即成。

淡酸汤红豆

主料：豆浆1000克、小白菜心250克
制作方法：将豆浆分2个时段放入砂锅内，第一时段煮百分之五十豆浆，再放入小白菜丝，煮开后倒入百分之五十的豆浆煮开定型即可。

砂锅菜豆花

吊浆米饼

主料：自然发酵米浆300克、鲜玉米浆100克

辅料：糯米粉70克

制作方法：1.将米浆提前天然发酵；
2.将鲜玉米磨浆，加入糯米粉调成糊状，塑性后煎制。

野菜杂粮饼

主料：面蒿150克

辅料：面粉150克、白糖20克、鸡蛋一个、精炼油少许

制作方法：先将新鲜面蒿打碎，加面粉、鸡蛋、白糖、精炼油搅拌合成，然后放入烤炉烤熟即成。

青苞谷粥

主料：粳米150克、青苞谷100克、无筋豆100克

辅料：纯净水1500克

制作方法：将粳米、青苞谷、无筋豆加入纯净水，煮45分钟即可。

普洱·茶韵宴

研发制作：普洱市金凤大酒店

普洱·茶韵宴　菜单

凉　菜	茶园涌动 茶油丝带
热　菜	鸡鸣景迈 千年江鱼 无量羊排 茶花牛肉 茶色八卦 普洱鸡豆花
面　点	山珍茶韵 普洱蒸糕
主　食	彩霞满天 绿之屏

普洱·茶韵宴

普洱是举世闻名的普洱茶的故乡，茶韵宴充分展现普洱茶乡的原料优势，分别以鲜茶、生茶、熟茶等为原料，与普洱生态绿色食材相辅相成，展现普洱民间茶食一体的古老传统和文化特色，令食客在菜品中亦能体验普洱茶的清香与回甘。千年江鱼、无量羊排、生拌蜂蛹、鸡豆花、普洱蒸糕、茶花牛肉等特色地方美味，更是令人食指大动。造型美观别致，食材运用得当，秀色可餐。

普洱·茶韵宴

茶园蛹动

主料：大黑蜂儿300克
辅料：茶叶50克
调料：茶油8克、辣鲜露5克、食盐4克
制作方法：大黑蜂儿用开水煮15分钟；新鲜茶叶清水洗净备用；小米辣切成长1厘米的小段。
操作要领：蜂儿大小要均匀，蜂儿入盘前加调料拌匀，再放上嫩茶叶炝油，点上辣椒即可。
特点：香醇浓郁。

鸡鸣景迈

主料：镇沅瓢鸡1500克
辅料：景迈山千年茶树上的（寄生草）也叫（螃蟹脚）10克
调料：姜10克、小葱5克、草果5克、猪油20克、胡椒粉、食盐、味精少许
制作方法：先将瓢鸡洗净砍块、大小要均匀，过水沥干、再放入锅中爆炒，加2000克水、等水沸腾后取出，平均分别放入容器、调味加汤。上蒸箱炖2小时左右即可。
操作要领：鸡块大小要均匀。
特点：其味鲜、苦、有温、活血、祛寒、止咳祛痰等作用。

茶油丝带

主料：香冬瓜丝400克

辅料：红椒丝2克

调料：茶油5克、蒜4克、食盐4克

制作方法：香冬瓜丝切7厘米长，红椒丝切7厘米长。

操作要领：冬瓜丝必须用冰冰镇10分钟，瓜丝放入调料拌匀后放上红椒丝即可。

特点：色泽鲜艳可口香脆。

千年江鱼

原料：江鱼500克

主料：草果10克、味极鲜30克、茎菜根50克、一品鲜30克、大芫荽20克、生抽30克、香菜20克、红油50克、小葱20克、花椒油20克、姜50克、花椒籽10克、大蒜50克、干椒10克、本地小米辣

辅料：蚝油50克

制作方法：1.江鱼去鳃、去内脏洗净，改刀成5厘米长x4厘米宽x3厘米厚带皮方块，用葱姜料酒去腥；

2.起锅烧油，放入草果、干椒、花椒、姜、蒜爆香，注入高汤，蚝油、味极鲜、一品鲜、生抽、花椒油、红油、茎菜根，再放入腌制好的江鱼，小火炖20分钟；

3.待鱼炖入味后，放入小葱、大芫荽、香菜出锅摆盘。

操作要领：原料改刀大小、厚薄均匀，摆放要整齐。

无量羊排

原料：无量山羊排1000克
主料：茶叶（炸至酥脆）50克、姜末30克、蒜末30克、小米辣20克、葱花10克、干椒10克
辅料：老干妈豆豉30克、花椒油10克、花椒籽10克、芝麻油10克、鸡精20克、味精20克
制作方法：1.将羊排清洗干净，改刀成块（4—5根排骨带着脊骨），放入锅中煮去血水；
2.羊排放入卤水，用小火炖熟；
3.锅上火入油，放入干椒、花椒、姜、蒜、小米辣炒香，然后放入炸好的茶叶和辅料炒好备用；
4.将卤好的羊排捞起改刀（注：骨头不能分散要连在一起）；
5.羊排改刀摆盘，放上炒好的备用佐料，撒上葱花即可。
特点：多料多味，肉质鲜嫩。

普洱·茶韵宴

茶色八卦

原料：辣木面、鸡蛋面
主料：鲜茶叶、肥牛100克、猪腰100克
辅料：小米辣10克、香菜10克、葱花10克、蒸鱼鼓油50克
制作方法：1.用茶粉和面粉制成面条；
2.把肥牛和猪腰切薄片，用葱姜、料酒腌制去腥；
3.将制作好的茶面和鸡蛋煮至八成熟，摆成八卦图形；
4.起锅入油，将去腥处理好的猪腰和肥牛放入八卦图形的面条上；
5.在肥牛和猪腰上撒上鲜茶叶、小米辣、香菜、葱花，炝油，放入蒸鱼鼓油即可。
特点：茶叶清香。

茶花牛柳

原料：茶花50克
辅料：面包糠300克、泰国辣鸡酱（蘸水）、食盐3克、味精5克
主料：江城黄牛肉200克
制作方法：1.黄牛肉去筋切片，放入葱姜水、蚝油、嫩肉粉、鸡蛋清腌制；
2.取出面包糠，放入茶花、将腌制好的黄牛肉片裹上面包糠；
3.起锅入油，油温烧至150—180°时将裹好面包糠的黄牛肉片放入炸至外酥里嫩，捞起控油；
4.把炸好的牛柳摆盘，放上蘸水即可。
特点：外酥里嫩、茶花味突出。

原料：茶粉
主料：鸡蛋清5个、鸡脯肉100克
辅料：鲜茶叶5根、土鸡汤1000克、食盐12克、鸡粉10克
制作方法：1.将鸡蛋去蛋黄拿出蛋清；
2.把鸡脯肉剁成茸；
3.把鸡蛋清打成蛋泡糊，放入剁好的鸡茸搅拌均匀；
4.把调好的土鸡汤烧开，放入搅拌好的蛋泡糊，小火煮熟，撒上茶粉，放入鲜茶叶即可。
特点：口感鲜嫩，老少皆宜。

普洱鸡豆花

普洱·茶韵宴

山珍茶韵

主料：面粉250克
辅料：酵母2克、泡打粉1.8克、白糖10克、绿茶粉8克、水100克、鸡圾100克、五花肉末80克、姜葱末50克、食盐5克
制作方法：1.面粉加酵母、泡打粉、白糖、绿茶粉、水揉成醒发面团，饧10分钟待用；
2.将鸡圾、葱、姜末、肉末、盐混合，顺一个方向搅拌成馅；
3.面团搓长条，分别下剂子，擀成圆皮包入馅料；
4.将生胚饧发30分钟；
5.入蒸箱蒸10分钟即可。
特点：翠绿香甜。

原料：面粉160克

辅料：鸡蛋10个、牛奶50克、绿茶粉2大勺、玉米油80克、白糖（加蛋黄）30克

制作方法：1.将蛋黄、清分开，蛋清加白糖打成糊；

2.蛋黄加白糖、牛奶、面粉、绿茶粉、玉米油、顺时针方向搅拌均匀；

3.蛋糊分三次加入蛋黄液盅，再倒入剩余蛋糊中、顺时针搅拌均匀；

4.倒入模具中、面撒芝麻，蒸15分钟即可。

特点：香甜可口。

普洱茶糕

主料：白糯米1000克、紫糯米250克
调料：茶汁50克、茶粉20克、火龙果20克、染饭花10克
制作方法：将糯米洗干净，浸泡3至4小时，盛入容具，上蒸笼蒸1小时左右即可。
特点：浓香四溢。

彩霞满天

普洱·茶韵宴

绿之屏

主料：一号抹茶粉23克
辅料：果冻粉100克、白糖140克、纯净水500克、纯牛奶500克
制作方法：把所有原料放盘中搅均匀，上灶煮开6分钟后分别盛入瓷勺即可。
要领：摆放整齐。
特点：香甜可口。

普洱·马帮宴

研发制作：普洱市思茅区乐土饭店

普洱·马帮宴　菜单

凉　菜	凤凰窝 万年船
热　菜	马帮情歌 驼铃声声 百花仙子 阳春白雪 月亮升起 小河红尾 游山玩水 峰回路转 火中取栗 走地鸡蛋 大粮仓
面　点	茶香包

普洱·马帮宴

主料：树花200克、黑木耳150克、山笋150克

辅料：自制土坛酱30克

制作方法：将主料用沸水煮至全熟后，放入土坛酱搅拌均匀即可。

凤凰窝

主料：苦子果100克、海船100克、山蕨菜100克、马蹄叶100克
调料：自制土坛酱20克
制作方法：将主料用沸水煮2分钟后，装盘即可。
食用方法：用主料蘸调料食用。

万年船

主料：走地鸡1500克
调料：滇橄榄200克、油20克、食盐
制作方法：将走地鸡洗净、切块（大小匀称），用铜锣锅清炖走地鸡30分钟后，加入滇橄榄继续炖10分钟即可。
操作要领：注重火候均匀。

马帮情歌

主料：豆腐肠300克、火灰牛肉干巴300克
制作方法：将豆腐肠、牛肉干巴放入火灰中烧至全熟，装盘。
操作要领：注重控制火候。

驼铃声声

主料：黄豆600克
辅料：石膏水20克
制作方法：用石磨将黄豆加水磨制成浆，用慢火熬制两小时，加入20克石膏水搅拌均匀即可。

百花仙子

月亮升起

主料：黄豆渣500克
辅料：小麦粉100克
制作方法：用黄豆渣、小麦粉加豆浆搅拌均匀，放在锣锅盖上，用火炭烘烤至全熟即可。

阳春白雪

主料：黄豆600克
辅料：白菜200克
制作方法：用石磨将黄豆加水磨制成浆，用慢火熬制两小时，加入白菜再煮两分钟即可。

小河红尾

主料：红尾巴鱼400克
辅料：大葱20克、香菜20克、本地小米辣10克、姜蒜各10克、花椒子2克、食盐4克
制作方法：将油放入锅中，达到一定温度时放入花椒子，10秒后加山泉水，将洗净的红尾巴鱼放入锅中，煮5分钟后放入佐料即可。

游山玩水

主料：水蜈蚣200克、竹虫200克、蜂蛹200克
制作方法：将主料洗净后分别炸至酥脆即可装盘。

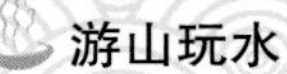

峰回路转

主料：黄豆渣500克
辅料：芹菜20克、食盐4克
制作方法：将黄豆渣放入锅中，慢火煸炒10分钟后加入适量的水，煮2分钟后放入芹菜，再煮3分钟即可调味食用。

火中取栗

主料：土猪肉300克
辅料：腌制野生菌200克
制作方法：将土猪肉加入腌制好的野生菌搅拌均匀，用琵琶叶包裹烧制而成。

走地鸡蛋

主料：土鸡蛋
制作方法：加清水煮熟即成。

茶香包

主料：糯米面50克、普洱生茶粉10克
辅料：花生适量、白糖适量
制作方法：将包好的茶香包入蒸箱蒸熟即可。

普洱·马帮宴

大粮仓

主料：毛芋头、洋芋、红薯等
制作方法：洗净后入蒸箱蒸熟即可。

建水汽锅宴

研发制作：建水县饮服公司临安饭店　陈林

建水汽锅宴　菜单

开胃碟　乳腐
酱豆
暴腌青菜
腌韭菜花

佐酒四味碟　腰果
牛干巴
小带子
香花生

凉　菜　草芽
木耳
黄瓜
仙人掌

头　汤　汽锅草芽汤

热　菜　汽锅鸡
汽锅天麻脑花
汽锅小方肉
汽锅银杏仁肚子
汽锅竹蛋
汽锅鸽子
汽锅江鳅
汽锅洋鸭
汽锅小黑药肉圆子
汽锅茶树菇
汽锅玉荷花鸡蛋
汽锅山药
汽锅南瓜
汽锅豆团
汽锅臭豆腐
汽锅白菜卷
汽锅臭参排骨

小　吃　凉热米线

面　点　临安小烧卖
红薯窝头

甜　品　木瓜水（冬季为小汤圆）

建水汽锅宴

建水汽锅宴

汽锅宴，是用建水特产的紫陶汽锅作炊具，取材猪、鸡、鸭、鱼、鸽、藕、参、芋等，配以葱、姜、草果、胡椒，在土锅上用熏蒸的方法烹制出来的一桌宴席。上菜时通常以锅代碗，大汽锅带小锅，再配以牛肉干巴、花生、凉菜等小盘。

汽锅宴以 1 个大锅率12中锅上桌。中间大锅为云南名菜汽锅鸡，周围12个小锅分别是羊奶菜炖扣肉、臭参炖猪脚、炖江鳅、香芋炖排骨、小黑药炖肉团、鲜藕园子、炖黄豆团、炖臭豆腐、炖酥肉、炖黑鱼、三线肉炖白云豆、炖乳鸽。再配以牛肉干巴、凉拌猪耳朵、凉拌猪肚、花生米、蜂蛹、凉拌黄瓜等六个小盘。宴席上红色的十三个汽锅，白色的六个小盘，荤素搭配，荤而不腻，素而不淡，味道多样，老少皆宜，甚为豪华壮观，堪称饕餮盛宴！正所谓，猪鸡鱼鸽共汽锅争香，藕芋参豆齐一宴秀色！

汽锅宴上的“带头大哥”（锅），当推居中而坐接受四方来贺的汽锅鸡，这道位居中国名菜榜的建水名肴，上过人民大会堂的国宴，受到过外国元首的称赞。汽锅鸡选用肥嫩的仔鸡切块入汽锅，配以葱姜，生蒸 3 个多小时。肉质细嫩，入口即香，汤汁呈黄，油而不腻，喝一口汤鲜甜。既然“带头大哥”如此，其他也非泛泛之辈，望一眼羊奶菜炖扣肉，胃口大开，闻一闻臭参炖猪脚，异香异味扑鼻而来；炖江鳅和炖黑鱼，有本真鲜味，鲜藕园子和黄豆团，一个糯香柔滑，一个醇香爽口；小黑药炖肉团，有肉香而无药味，属药膳良肴，三线肉炖白云豆，肉扒豆不烂，鲜美可口；喝一口酥肉草芽三鲜汤，再吃几块清脆的腌黄瓜，你不由得叹道：汽锅宴真是美味大全啊！

在建水县餐饮美食行业协会和建水旅游协会联合举办的“十大名宴”评选中，汽锅宴艺压群芳，名列榜首，成为“建水第一宴”。

开胃碟

佐酒四味碟

凉菜

汽锅草芽汤

主要食材：草芽（又名象牙菜）300克、鸡骨架400克、猪骨头400克、猪瘦肉100克、食盐15克、鸡精10克、姜2片

制作方法：草芽洗净切段备用。将鸡骨，猪骨斩成块，煮去杂质及血水，清水冲洗，放入汽锅中。瘦肉改刀成小块焯水，洗净。放入汽锅中，放入姜片。汽锅置蒸锅上，蒸至汤足够多时，倒出过滤，只取汤，再倒入汽锅中，放入盐、鸡精。再置于蒸锅上，蒸至汤沸时，下入草芽，蒸熟即可。

汽锅鸡

主要食材：本地散养土鸡1000克、食盐20克、白胡椒（少许）、葱段3根、姜片3片

制作方法：鸡肉洗净斩成小块，用冷水泡5—10分钟，滗干水分，放入盐、白胡椒拌匀，放入汽锅中，放上葱段、姜片。将汽锅置于蒸锅上，蒸2—3小时即成。

汽锅天麻脑花

主要食材：猪脑5个、天麻20克、食盐5克、鸡精5克、白胡椒（适量）、干辣椒5克、花椒籽2克、姜片2片

制作方法：将猪脑的红筋小心挑除，洗净后，滤去水分，放入汽锅中，加入盐、鸡精、天麻、白胡椒、姜片。将汽锅置于蒸锅上，蒸至猪脑成熟，炝上热油、干辣椒、花椒籽即可。

汽锅小方肉

主要食材：带皮五花肉750克、花椒籽2克、八角5克、草果2个、食盐10克、鸡精5克、冰糖50克、老抽（适量）、姜片2片

制作方法：五花肉清洗干净，切成小方块，走红。将花椒籽、八角、草果、姜片炒出香味，下入肉块，加少许清水，放入盐、鸡精、老抽、冰糖。大火烧开，煮20分钟。将肉皮朝上码入汽锅中，汤汁倒入汽锅中。置于蒸锅上，蒸至肉软烂时即可。

汽锅银杏仁肚子

主要食材： 猪肚500克、银杏仁100克、食盐10克、味精5克、鸡精5克、白胡椒（适量）

制作方法： 猪肚焯水，刮洗干净，煮至5成熟。再次用冷水漂洗干净，改刀成小块，放入汽锅中，加进银杏仁、盐、味精、鸡精、白胡椒、拌匀，注少许高汤。置于蒸锅上，蒸至猪肚软烂即成。

建水汽锅宴

汽锅竹蛋

主要食材： 干竹荪蛋100克、肉末200克、食盐5克、鸡精5克、水淀粉（适量）

制作方法： 将竹荪蛋开水涨发，洗净待用。肉末加盐、鸡精、水淀粉拌匀做成馅，把每一竹荪蛋上抹上肉馅，整齐地码放在汽锅中。置于蒸锅上，蒸30分钟后，炝上热油即可。

汽锅鸽子

主要食材：鸽子肉500克、三七根20克、食盐8克、鸡精5克

制作方法：鸽子肉斩成大块，漂洗干净，滤干水分，放入盐、鸡精拌匀，放入汽锅中。三七根洗净后放入汽锅中。将汽锅置于蒸锅上，蒸至鸽子肉成熟时即可。

汽锅江鳅

主要食材：建水本地江鳅500克、食盐15克、味精10克、草果面10克、熟猪油50克

制作方法：江鳅宰杀，洗净，斩成段。加入盐、味精、草果面拌匀。放入汽锅中，加入猪油，置于蒸锅上，蒸熟即可。

汽锅小黑药肉圆子

主要食材：肉末400克、小黑药粉10克、食盐5克、鸡精5克、水淀粉（适量）

制作方法：将肉末、小黑药粉、盐、鸡精、水淀粉拌匀。做成内圆子，整齐地放入汽锅中，置于蒸锅上，蒸至圆子成熟即可。

汽锅洋鸭

主要食材：老洋鸭1000克、食盐15克、鸡精10克、啤酒500毫升

制作方法：洋鸭洗净，斩成大块，焯水，清水漂洗捞出，放入食盐、鸡精、拌匀。放入汽锅中，倒入啤酒。置于蒸锅上，蒸2小时即可。

主要食材：茶树菇500克、食盐8克、高汤（适量）、精油（适量）

制作方法：把茶树菇洗净，撕成细条。放入汽锅中，加入食盐、高汤、精油，置于蒸锅上，蒸20分钟即可。

汽锅茶树菇

主要食材：土鸡蛋5个、玉荷花瓣200克、食盐8克、精油（适量）

制作方法：将鸡蛋打入碗中，朝一个方向搅匀，加入温开水（蛋和水的比例为1:2），放入盐。将蛋液倒入汽锅中，将玉荷花瓣洗净后放入汽锅中，放入精油。置于蒸锅上，蒸至鸡蛋成熟即可。

汽锅玉荷花鸡蛋

主要食材：铁棍山药1000克、胡萝卜200克、食盐8克、味精10克、鸡精10克

制作方法：山药去皮、洗净后切成滚刀块，胡萝卜去皮、洗净后切成滚刀块。将山药块，胡萝卜块焯水，加盐、味精、鸡精拌匀，放入汽锅中，置于蒸锅上，蒸至山药成熟时即可。

汽锅山药

主要食材：南瓜1000克

制作方法：南瓜去皮，洗净，切成造型，整齐摆入汽锅中，置于蒸锅上，蒸至南瓜成熟即可。（可根据个人口味，加入适量蜜汁）。

汽锅南瓜

主要食材：建水豌豆团1000克、食盐8克、味精5克、鸡精5克、精油（适量）、香菜（少许）

制作方法：将豆团置炒锅中，放入精油、盐、味精、鸡精炒出香味，倒入汽锅中。放入蒸笼内，蒸20分钟，撒上香菜即可。

汽锅豆团

汽锅臭豆腐

主要食材：建水西门臭豆腐30个、食盐8克、味精10克、干辣椒面5克、精油30克、红油（适量）

制作方法：将豆腐改刀成小块，放入盐、味精、干辣椒面、精油拌匀，放入汽锅中，放入蒸笼内，蒸至豆腐发泡。淋上红油即可。

汽锅白菜卷

主要食材：大白菜500克，肉末250克，食盐8克，味精5克，香菇20克，姜末、胡萝卜末（少许），水淀粉（适量）

制作方法：白菜取较大的叶子，焯水。切下白菜叶，改刀成大小适中的片。中间厚的白菜茎片成薄片待用。把香菇剁成末，和肉末，盐、味精、水淀粉、姜末做成肉馅。取白菜叶包上肉馅，整齐码入汽锅的底部。片好的白菜茎，包上肉馅整齐地摆入汽锅的上面。将汽锅置于蒸锅上，蒸熟食材。浇上薄芡，撒上胡萝卜末即可。

汽锅臭参排骨

主要食材：猪小排500克、臭参（又名云参）300克、食盐15克、鸡精10、味精5克、草果籽2克

制作方法：排骨斩成小块，焯水，洗净后，放入盐、味精、鸡精、草果籽拌匀，放入汽锅中，置于蒸锅上蒸1小时。把臭参去皮洗净后，切成5厘米的细长条，放入汽锅内，再蒸30分钟即可。

凉热米线

主要食材：建水干米线，自制卤汤、番茄酱、花生酱、甜醋，味精（少许）

制作方法：干米线煮发，将发好的米线在温水中泡至米线柔软后捞出，滤干水分，倒入碗中。加入自制的卤汤、番茄酱、花生酱、甜醋。放入少许味精即可。（口味酸甜、又热又凉，是建水米线的又一种独创）。

小烧卖

主要食材： 面粉、肉末、猪皮、猪肉汤、食盐、建水甜醋、芝麻、香菜

制作方法： 面粉中放入烧开的肉汤，和成面团，醒30分钟。猪皮洗净煮熟，剁成颗粒，加入肉末，按肉皮4肉末6的比例，放少许盐，拌匀，做成肉馅待用。醒好的面团，揉成长条，切成相等的小剂子，擀成圆面片，面片中间放馅，捏成烧卖型，放入蒸笼内蒸熟。配上建水甜醋，放入香菜、芝麻做成蘸水即可。

建水汽锅宴

红薯粉窝窝头

主要食材： 红薯

制作方法： 红薯洗净后去皮，切成丝晒干，粉碎成红薯粉，再用温开水和成面团，做成窝窝头形状蒸熟即可。

木瓜水

主要食材： 木瓜籽50克、冷开水4斤、石灰水少许、红糖少许、水适量、芝麻少许

制作方法： 木瓜籽用纱布包好，在冷开水里用力揉搓，慢慢的木瓜籽里的黏液排出来了，将洗出的黏液过滤，放入石灰水，定型。木瓜用勺捣碎，装入碗中。红糖加热水融化成红糖水，冷却。倒入木瓜中，再加入芝麻玫瑰糖即可。

香格里拉·藏王宴

研发制作：昆明学院·旅游学院　刘福灿

香格里拉·藏王宴　菜单

热　饮　　酥油茶
青稞酒

凉　菜　　刺身牦牛肉拼香格里拉松茸
藏王烤雪鸡
藏香猪烤肉
藏山羊凉片
野生冲菜毛豆米恋虫草花

下酒菜　　吉祥三宝（蜂蛹、竹虫、蚂蚱）
牦牛厚干巴

荤　菜　　藏王烤羊腿
手抓藏羊排
牦牛上上签
康巴辣子鸡
秋葵炒香猪肉
香猪格格肉
牦牛乳扇卷

素　菜　　藏红花懒豆腐
白参炒藏鸡蛋
生焖太子菜

主　食　　青稞粑粑配酸奶渣、糌粑

滋补汤　　藏香猪炖牛蒡根
玛卡藏羊汤锅配野生菌、高原野菜

香格里拉·藏王宴

香格里拉市原名中甸县，藏语称“建塘”，相传与巴塘、理塘系藏王三个儿子的封地。“甸”，似为彝语，意为“坝子”“平地”。一说中甸系纳西语，为“土地”的音译，意为“酋长住地”或“饲养牦犏牛的地方”。

藏王源自中国历史对西藏地方最高统治者的称谓。最早为吐蕃赞普，象征着西藏最有权势的人物。西藏摄政王，民间俗称“藏王”，通常指上代达赖圆寂后，到下代达赖成年前，代其主持西藏的人，某些非常时期，如局势动荡或外敌入侵，清廷也会指定临时或代理藏王。

酥油茶是藏族群众每日不离的热饮，到藏族群众家中做客，一般都会得到酥油茶的款待。酥油茶的制作方法是把砖茶的茶叶炒香，倒入1米长的木质长“董莫”（酥油茶桶），加入烧热的开水、牦牛奶、盐巴和酥油，炒熟的麻仁、花生，在茶桶内上下冲击，用力将“甲罗”上下来回抽搅，搅得水乳交融，再倒进锅里加热，便成了可喝的酥油茶了。

藏族喝酥油茶，还有一套规矩，一般是边喝边添，不一口喝完，但对客人的茶杯总要添满；假如你不想喝，就不要动它；假如喝了一半，再喝不下了，主人把杯里的茶添满，你就摆着，告辞时再一饮而尽，这样，才符合藏族人民的习惯和礼貌。

酥油茶因为制作加有酥油，所以能产生很大的热量，喝后可御寒，是很适合高寒地区的一种热饮。

青稞酒是用当地出产的青稞煮熟发酵酿制而成，藏区男女老少皆喜欢的一种低度酒。

酥油茶

主料：香格里拉格咱原始牧场酥油、普洱砖茶、野生黑桃仁等

制作方法：用酥油茶桶取适量酥油、加一定配比的普洱茶水、盐、黑桃仁、花生、芝麻充分搅拌融和。

特点：原始脱脂、脂肪含量低，健体耐寒，土法制作奶制品。

香格里拉·藏王宴

藏王烤雪鸡

主料：宰杀洗净雪鸡一只1000克

辅料：高原野蒜30克、黄姜8克、茴香籽5克、香叶3克、煳辣椒粉5克、花椒粉1克、十三香粉2克、盐3克、味精粉1克、糖粉1克

制作方法：1.煳辣椒粉、花椒粉、十三香粉、盐3克、味精粉、糖粉调椒盐粉；

2.宰杀洗净雪鸡，高原野蒜、黄姜、茴香籽、香叶、加水200克、盐10克调味腌制6小时；

3.腌制好雪鸡捞起控水，表皮涂蜂蜜水刷匀晾干；

4.晾干表皮后的雪鸡放180度烤炉内烤熟，再次升温至230度烤5分钟即可。

特点：色泽金黄，皮脆肉嫩。

牦牛肉拼香格里拉松茸

主料：牦牛里脊肉（沙郎）180克、香格里拉特级松茸120克
辅料：小黄瓜200克
制作方法：1.冰块碎冰后装盘中；
2.小黄瓜洗净切片插碎冰上；
3.取牦牛里脊用保鲜膜包裹成型，放零下30度冷库急冻10小时杀菌后取出，切片装盘；
4.松茸依次洗净切片装盘点缀；
5.取芥末2克配刺身酱油30克调汁，蘸汁食用。
特点：鲜嫩、营养价值丰富。

藏香猪烤肉

主料：藏香猪1头宰杀洗净

辅料：花椒面20克、十三香80克、盐35克、茴香粉8克、青稞酒200克、姜茸35克、蒜茸50克、蜂蜜50克

制作方法：1.花椒面、十三香、盐、茴香粉、青稞酒、姜茸、蒜茸加水1000克调汁；

2.宰杀洗净藏香猪里外用调好的汁抹匀腌制8小时；

3.用烤猪架穿扎好后捞起，在其表皮涂抹蜂蜜水晾干；

4.架起柴火，待无明火焰后放上烤至外表金黄，里面嫩熟即可；

5.食用时可用煳辣椒粉5克、花椒粉1克、十三香粉2克、盐3克、味精粉1克、糖粉1克调椒盐蘸食或配水腌菜味道更佳。

特点：Q弹爽嫩、皮脆肉香。

藏山羊凉片

特点：肉味鲜美，不腻不膻，色香味俱全；

主料：洗净藏羊前腿1只2000克

辅料：甘蔗500克、孜然2克、洋葱200克、姜片200克、干辣椒10克、香叶3克、盐30克、雪山泉水8000克

制作方法：1.取盐10克将羊腿抹匀腌制8小时；

2.甘蔗、孜然、洋葱、姜片、干辣椒、香叶、盐、雪山泉水8000克装汤锅调匀，下羊腿烧开煮熟；

3.关火焖1小时后捞起羊腿控干水分放凉；

4.羊肉分割小块，用保鲜膜包裹装托盘，放上墩子压一夜后放保鲜冰箱冷藏2小时，然后切片装盘即可；

5.食用时可配椒盐碟或油辣椒碟味道更佳。

特点：肉味鲜美，不腻不膻，色香味俱全。

野生冲菜毛豆米恋虫草花

主料：野生油菜苗200克、毛豆米80克、虫草花50克

辅料：蒜茸3克、芥末1克、盐2克、一品鲜酱油10克、芝麻油1克

制作方法：1.取野生油菜苗漂洗干净，下开水烫熟捞起，加盖冲2分钟捞出切段；

2.毛豆米、虫草花分别汆水冲凉；

3.取蒜茸、芥末、盐、一品鲜酱油、芝麻油调汁，依次把虫草花、冲菜、毛豆米拌匀如图装盘即可。

特点：清火、脆嫩。

吉祥三宝

主料：竹虫50克、蚂蚱50克、蜂蛹50克

辅料：干辣椒段2克、盐2克

制作方法：1.竹虫、蚂蚱、蜂蛹分别捡洗干净控水；

2.油锅下菜籽油500克烧至七成热油温，分别下竹虫、蚂蚱、蜂蛹炸酥脆下干辣椒炸香捞起控油；

3.竹虫、蚂蚱、蜂蛹分别撒盐拌匀装盘即可。

特点：鲜香酥脆、高蛋白、高脂肪、御严寒。

牦牛厚干巴

主料：牦牛饭盒肉改条后500克

辅料：茴香粉2克、食盐3克、青稞酒20克、芝麻2克、干辣椒1克、青花椒籽1克、蒜茸3克

制作方法：1.牦牛饭盒肉改条后加茴香粉、盐、青稞酒、芝麻腌制均匀后装保鲜盒密封放保鲜冰箱捂3天拿出，翻面再次拌匀；

2.再次装保鲜盒密封入保鲜冰箱冷藏腌制3天后取出挂通风出晾干；

3.食用前取下煮熟切厚片，锅中下熟菜籽油烧至七成热炸干；

4.锅内留菜籽油10克，下干辣椒、花椒籽、芝麻炒香，下蒜茸，再次下炸好干巴炒香即可。

特点：酥脆鲜香，色泽红亮。

藏王烤羊腿

主料：藏羊嫩羊腿1只（约1850克）

辅料：孜然粉、辣椒面各80克，花椒面、葱花、香油各2克，蒜末、姜末各25克，盐10克，红油80克，熟芝麻16克，洋葱丁10克、香料包（迷迭香草1克，花椒、八角各5克，白豆蔻1克，桂皮3克，丁香1克，山柰2克，小茴香2克，香叶3克）、卤水5千克，熟菜籽油1千克

制作方法：1.羊腿放入清水中浸泡12小时，浸出血水，在羊腿内侧划一字刀，入沸水锅中烧开汆去血水，捞出控水备用。

2.锅中注入卤水、香料包大火烧开，放入羊腿，转小火卤2个小时，捞出晾凉；

3.将卤好的羊腿用100克孜然粉、100克辣椒面、10克盐抹匀，刷红油，入三成热油温中炸至色泽金黄，捞出控油；

4.锅留底油30克，五成热时，将姜片、葱末爆香，放入剩余孜然粉、辣椒面、花椒面炒香，倒在羊腿上，撒上熟芝麻、葱花、洋葱丁，淋香油，出锅放炭火上慢烤至外酥里嫩，摆放成型即可（食用时配小刀分割食用）。

特点：色美、肉香、外焦、内嫩、干酥不腻。

手抓藏羊排

主料：带骨带皮的羊肋条1000克

辅料：香菜25克、葱50克、姜丝15克、蒜末10克、大料2克、花椒1克、桂皮1克、小茴香1克、胡椒粉1克、醋50克、青稞酒25克、精盐5克、芝麻油1克、辣椒油50克

制作方法：1.带骨带皮的羊肋条切12厘米长4米宽条，用水洗净。香菜去根洗净，切成长段，葱30克切段、20克切末；

2.把葱末、蒜末、香菜、酱油、味精、胡椒粉、芝麻油、辣椒油等兑成调料汁；

3.锅内倒入清水二斤，放入羊肉在旺火上烧开后，撇去浮沫，把肉捞出洗净；

4.换清水3000克烧开，放入羊肉、大料、花椒、小茴香、桂皮、葱段、姜片、青稞酒和精盐。待汤再烧开后，盖上锅盖，移在微火上煮到肉烂为止。将肉捞出，盛在盘内，蘸着调料汁吃。

特点：油而不腻，鲜香可口。

牦牛上上签

主料：藏山羊后腿肉500克

辅料：淀粉5克、食盐1克、青稞酒20克、芝麻油3克、孜然粉2克、酱油1克、鸡蛋清35克、辣椒面3克、蒜茸10克

制作方法：1.先把羊肉清洗干净后，切成小块，大约是3厘米长2厘米宽为宜，大了不宜烤熟；

2.然后把羊肉放入合适碗里，放入鸡蛋清和青稞酒、淀粉、酱油搅拌均匀；

3.等羊肉串上色拌匀后，再放入适量的五香面、盐、孜然粉调匀；

4.最后淋上几滴香油，放置一边腌制30—50分钟用铁签穿串，食用时放炭火上刷菜籽油烤熟即可。

特点：酥脆、鲜香。

康巴辣子鸡

主料：香格里拉嫩雪鸡1000克

辅料：熟菜籽油500克、干辣椒35克、生姜丁30克、蒜瓣丁20克、花椒籽2克、花椒油0.5克、生抽20克、老抽8克、白糖3克、熟白芝麻2克

制作方法：1.雪鸡宰杀洗净沥干切小块，切鸡翅和鸡腿的时候，先用刀背把鸡骨敲松再切；

2.鸡肉加盐、生抽、老抽、白糖腌制20分钟，取炒锅下油，待油烧热后下鸡肉煸炒1分钟下姜丁、蒜丁焙炒2分钟；

3.接着放生抽继续煸炒3分钟再放下老抽上色；

4.炒匀后下花椒煸炒1分钟，接着下干辣椒段，放入煸炒至干辣椒色泽红亮时，下盐、白糖炒匀关火；

5.用漏勺将辣子鸡捞出沥干后盛入盘中、最后撒白芝麻装盘即可。

特点：麻辣鲜香，色泽诱惑人。

小窍门温馨提示：1.鸡骨用刀背敲松更入味；2.要选很嫩的鲜仔鸡，鸡肉过老会影响口感。

秋葵炒香猪肉

主料：藏香猪三线腊肉300克

辅料：秋葵100克、干辣椒段2克、姜片2克、食盐1克、白糖1克

制作方法：1.藏香猪三线腊肉漂洗干净，加水2000克煮熟放凉切片；

2.秋葵洗净斜切氽水；

3.油锅下菜籽油30克，烧热下干辣椒炒焦香后下姜片、腊肉焙炒出油，再下秋葵调味翻炒均匀；

4.出锅装盘即可食用。

特点：肥而不腻、软糯鲜香。

香猪格格肉

主料：带肋骨藏香猪三线肉300克

辅料：鲜花椒子2克、蒜茸1克、姜茸2克、生粉2克、熟青稞面8克、熟黄豆面5克、鸡蛋清30克、食盐1克、老抽1克

制作方法：1.带肋骨藏香猪三线肉切5厘米长3厘米宽条状漂洗干净控水；

2.切条后香猪肉条加蒜茸、姜茸、生粉、熟青稞面、熟黄豆面、鸡蛋清、盐、老抽拌匀装保鲜盒密封，放保鲜冰箱腌制6小时；

3.锅下熟菜籽油，烧至7成油温下香猪肉炸至金黄捞起控油取出；

4.油锅下油1克，烧热下辣椒丝、花椒籽炒香控油装盘即可。

特点：酥香可口，食而不厌。

藏红花懒豆腐

主料：蚕豆米250克、鸡汤100克、藏红花0.2克

辅料：松仁30克、食盐2克、酥油8克

制作方法：1.青蚕豆米去壳加松仁鸡汤用榨汁机打泥状；

2.鸡汤泡干藏红花；

3.取锅烧热，下酥油融化，加入藏红花汤30克，下青豆泥煮沸加盐调味即可。

特点：豆香浓郁，营养丰富。

白参炒雪鸡蛋

主料：水发白参120克、雪鸡蛋3个

辅料：姜片2克、小葱段15克、红椒菱形5克、绿椒菱形10克

制作方法：1.水发白参洗净挤干水分，净锅烧热下白参焙干水分倒出；

2.雪鸡蛋去壳下盐搅散，净锅下油烧热，倒入鸡蛋滑炒熟倒出；

3.锅内下花生油8克烧热，放姜片、红椒、绿椒菱、白参调味炒香，再次放鸡蛋、小葱炒香装盘即可。

特点：营养丰富、色泽美观。

牦牛乳扇卷

主料：牛奶1000克

辅料：酸木瓜水100克

制作方法：1.先在锅内加入半勺由木瓜制成的酸水，加温至70℃左右，再以碗(约500毫升)盛奶倒入锅内，牛乳在酸和热的作用下迅速凝固。此时迅速加以搅拌，使乳变为丝状凝块；

2.然后把凝块用竹筷夹出并用手揉成饼状，再将其两翼卷入筷子上，并将筷子的一端向外撑大，使凝块大致变为扇状，最后把它挂在固定的架子上晾干，即成乳扇。(在晾挂中间必须用手松动一次，使干固后容易取下)；

3、乳扇制好后切片，取净油锅，下大豆油1000克锅烧至6成热，筷子夹起乳扇下油锅炸酥脆卷起装盘，再撒上糖粉即可食用。（炸好乳扇后可第一时间包裹豆沙、玫瑰酱等味道更佳）。

特点：奶香味浓、酥脆。

生焗太子菜

主料：高山娃娃菜250克、煮熟藏香猪三线腊肉35克
辅料：红美人椒条8克、绿美人椒条15克、姜片3克、干辣椒段1克
制作方法：1.高山娃娃菜洗净切段；
2.净锅下菜籽油10克、下干辣椒段炒焦香、下姜片、煮熟藏香猪三线肉焙香；
3.锅内下娃娃菜爆炒至熟，调味即可。
特点：脆嫩、甘甜。

藏香猪炖牛蒡根

主料：藏香猪火腿肉120克、牛蒡根180克
辅料：胡萝卜50克、食盐2克、韭菜根20克
制作方法：1.藏香猪火腿切块氽水漂洗干净；
2.牛蒡根洗净切块、韭菜根洗净切段；
3.砂锅洗净，加水1000克烧开，下藏香猪火腿炖七成熟，再下韭菜根、牛蒡根、胡萝卜，炖熟调味即可。
特点：汤鲜味美、强身健脾。

青稞粑粑

主料：青稞面粉180克、红糖末20克

辅料：泡打粉2克

制作方法：1.取一大碗加入青稞粉（超市就能买到现成的），慢慢加入冷水、红糖水、泡打粉调至成面团，揉成光滑面团发酵1小时；

2.发酵面团依次分为50克左右小剂子，搓圆压扁；

3.蒸锅中加水烧开放蒸垫，再放做好压扁面团蒸熟；

4.锅中放油10克，至油温七成热放入蒸好粑粑坯，转中火煎至两面微黄即可。

特点：色泽诱人，外酥里软。

糌粑

主料：青稞面200克

辅料：酥油茶150克、酥油30克、细奶渣15克、白糖10克

制作方法：1.将青稞晒干炒熟后，经过水磨加工即成糌粑。根据口味，磨成粗细不等，也可去麸皮磨成精制青稞粉；

2.先将酥油茶倒入碗内，再酥油、细奶渣和白糖，最后将熟青稞粉盛入碗里，随即用左手拿碗，右手在碗里不断的来回抓拌，拌匀后捏成小团即可食用。

特点：营养丰富、携带方便。

酸奶渣

奶渣是藏族的传统食物。在云南的香格里拉，草场上牦牛成群，牦牛奶提取出酥油后，在奶中加入酸浆，凝结的蛋白质经过过滤、发酵后就成了酸中带甜，风味独特的奶渣。

藏族居民喜欢把奶渣放入酥油茶中，增加酥油的味道，或用奶渣蘸白糖当零食吃，或奶渣加酥油蒸热食用，在寒冷的高原，奶渣能提供大量的热量和蛋白质，还能治疗水土不服。

玛卡藏羊汤锅配野生菌、高原野菜

主料：羊肚180克、羊腿肉300克、羊舌300克、羊脸肉280克

辅料：鲜玛卡35克，枸杞5克、干辣椒2克、姜片5克

制作方法：1.羊肚、羊腿肉、羊舌、羊脸肉洗净汆水，加干辣椒、姜片、青椒段、玛卡、加纯净水3000克炖熟调味；

2.羊肉炖熟后羊肉原汤装卡磁炉、羊肉放其内，点缀枸杞，配高原野生菌煮熟，吃完羊肉、野生菌放野菜烫食即可。

特点：汤鲜味美，营养丰富。

高原黑枸杞尖

香格里拉松茸

丛林鸡油菌

中甸车前草

雪山蒲公英

野生奶浆菜

保山·永昌府宴

研发制作：保山市餐饮与美食行业协会　张晓建

保山·永昌府宴　菜单

开胃碟（六小碟）　蒲缥甜大蒜
话梅黑珍
甜脆芋花
翡翠荷包豆
紫苏萝卜龙
水晶鸡冻

汤　盅（每人每盅）　西红花炖松茸

凉　菜　大烧脆方
契丹红生
机工卤拼

热　菜　弘祖笋丝
金山酒炒小公鸡
碗里江山
状元肘
红汁公孙丸
南红牛肉
棕米虾仁汇
佛手蛋
马帮下素

面　点　永昌小绿豆

主　食　鲜花挂面配蒟酱

甜　点　世纪布丁

水　果

酒　水　滇西1944　中国保山

饮　品　鲜石斛汁

保山·永昌府宴

保山古哀牢国地，公元47年哀牢王柳貌率众归汉，东汉设永昌郡，后设永昌府。受中原文化影响，开化较早。在漫长的历史长河中，有中外探险家、文化名人、记者、传教士、外交官、邻邦皇室遗族、征战将士到达永昌，有的短暂停留或世居此地。

中原文化、中西文化、边地文化在这里碰撞交融，呈现出璀璨的人文景观。就饮食文化方面看，有江南清蒸炖煮的背影；有天府的麻辣；有当地少数民族重口味的生猛；还有闻名华夏的美食头盘蒟酱。西人带来的一些饮食习惯，也留下不少痕迹。历史文化名人他们无论是征战、充军、流放、回归永昌，都有他们赞美永昌美食的短歌。特别是云南滇西抗战时期，这里成为走向胜利的出发地，汇聚了远征军、世界反法西斯战争的各国盟友、南侨机工、国际友人。一时间，咖啡馆、西餐厅、川菜馆、粤菜馆、淮扬菜馆、南洋菜馆纷至沓来，成为云南美食会都之一。永昌显现出对各地方美食文化的包容性和兼收并蓄的智慧。

保山“一州一席宴”推出的《永昌府宴》，透过历史文化，讲述保山乡愁的故事。在品尝保山味道的舌尖之旅时，找到畅神的心境。

一、胃碟开讲

《永昌府宴》先上六小样开胃碟。头碟蒲缥甜大蒜，入口甜脆蒜香，口中回味，多味重叠，给人吃蒜拉风的感觉。开场的酸、甜、香、糯起动舌尖的味蕾。

土地孕育的优秀植物香料中，大蒜可谓是精华中的精魂。一瓣大蒜放入土中，经过时间告诉它生命的玄机，先发芽，再生根，长出绿油油的叶片，又抽出花箭，形成蒜薹，最终鳞茎结成莲花般的大蒜。收获的时候，抖落身上清香的泥土，像在土地里沉睡已久的隐者，脱去睡衣，经过水的洗礼，肥腴腴地，感恩着躺在餐盘，成为百家的馔脯。

大蒜最早产自何地？说法颇多。以色列人考证，说摩西带领犹太人出埃及，前往上帝应许之地—迦南。在艰辛的路途中，水和食物不足，人们怀念起在埃及吃过的鱼肉、西瓜、大蒜。圣经里讲到过这段故事。在放逐流散世界各地的岁月中，犹太人将大蒜带到不同的国度，这是犹太文明的诸多贡献之一。

而汉朝的张骞出使西域，归国时带回了大蒜种子，这算是第一次把大蒜引入中国。北宋时期，有一批犹太人迁徙到开封，把爱吃大蒜的习俗带至中原，蒜泥的用法从那时传开。

云南大蒜的初始种植年代，无据可考，但民间种植大都由印度、缅甸引进，经历百年的人工培育，保山蒲缥选育出“梨壳大蒜”这棵优良品种，一直延续至今。当地人称香蒜、白蒜。

梨壳大蒜被蒲缥人做成甜大蒜，成为远近闻名的小吃。甜大蒜是用梨壳蒜腌制，用红糖、香醋、草果、八角熬成汤汁，摆放一夜散去热温，再倒入土罐泡蒜。经2个月的浸泡，开罐食用，甜脆蒜香，口中回甜，多味重叠，给人吃蒜拉风的感觉。

开胃六小碟

梨壳蒜种出的蒜苗，炒制的菜肴，吃起有香糯之感，没有其他蒜苗的草腥味。

蒲缥有道本地名菜：汆小肠。用洗净的猪小肠，切成3厘米长，在滚烫的开水里汆一把捞入碗中，打蘸水吃。在嘴里要一嚼二咽三通过，否则越嚼越老，难以下咽。汆小肠的蘸水就非得用梨壳大蒜泥，才有本土朴质的香味，映衬汆小肠爽滑微辣的口感。

有人也问：在保山城吃汆小肠，怎么吃不出蒲缥汆小肠那股味呢？问题就在蘸水调料上，在用什么蒜泥的巧技。因为梨壳蒜在除腥放香的过程，总是紧紧缠绕小肠的肌理组织，带风入口的精彩须臾已有物质的变化，味在其中，只有各自去体悟了。

请尝二颗话梅黑珍，软糯香嘴，由甜大蒜的高音开场微降到中音介的舒缓心情。

黑皮花生“黑珍”是中国农业科学院经过8年的选育，3年的产量对比试验，培育出中国第一个黑皮花生新品种——黑珍。黑皮花生是典型的碱性食品，具有高蛋白、高精氨酸、高硒、高钾的优良特征，它含有人体所需的20种氨基酸及多种微量元素、维生素E、B族维生素，卵磷脂和黑亮活性物质。营养成分符合人体营养学指标，在维持人体的生长发育、机体免疫等方面有很大作用，它是强精补脑、延缓衰老、防治心脑血管疾病、癌症和糖尿病的天然保健食品。

保山蒲缥人血脉里就有对新事物好奇、勇闯天下的彪悍性格，10年前想法引种过来。蒲缥属干热河谷地带，红壤酸性土质，非常适合黑珍生长。在蒲缥试种成功后，大面积推广，成为云南黑珍的主产区。

蒲缥种植的黑珍又以塘子沟一带较为有名。塘子沟又是云南有名的旧石器晚期时代遗址。九千年前就有人类在此活动，留下无数的石器文物，成为研究滇西石器时代蒲缥文明的重要文物遗址。

在先人的故土，今天产出上好的黑珍，寓意一种生命的延伸和召示。

我们从九千年前的蒲缥塘子沟旧石器时代回到今天，沉浸于边地的农耕文明，走进乡村秋日的九月，不凡试一口村妇腌泡的甜脆芋花秆，酸甜可口，清肺爽喉。在舒缓的音阶过后，清亮的音符开始弹奏，催促人们奔进农家菜园，从爬满豆藤的篱笆上采摘荷包豆，在锅上汆水一把，凉拌着捻吃。翡翠般满绿的荷包豆，保山特有的古老品种，只要跨过澜沧江东岸，就再也不到它的踪影。不知为什么？荷包豆留守永昌千百年不退化、不改变，钟情于永昌大地，是它不二的选择。

历史的乡愁渐行渐远，永昌人咋就忘不了这包豆呢?

永昌城里的人，在生活清苦的年代，还是要想着怎么吃好。把简单的食材在手中变为多变的开胃小菜。这不，永昌城新牌坊下的回族沙奶奶，用萝卜切成花刀“萝卜龙”用紫苏叶腌泡，既有植物的自然香味，又染上紫苏的桃红，成为上学郎必备的零食，开学季真有种满城尽带萝卜龙的景象。

童年时代乡愁音符的响起，开始向极速的高音阶奔去，一切的伤感、艰辛、幸福、知足、欢快，如五线谱的豆芽菜上下跳荡，如歌的岁月像小溪般长长流过。

紧接着是悠扬的旋律，高低起伏，持续和谐。连绵不断的永昌美食“水晶鸡冻”出场。出身于永昌古宴“五滴水”中的水晶鸡冻，荔枝般白皙，富有弹性，香糯迷人。不愧出身于永昌古宴世家，在最后的开胃菜序曲中，音符缓慢地停止，宴席里的水晶鸡冻散发着无穷的韵味。

二、凉菜道来

1.大烧脆方

永昌河图，地处坝子中央，东汉前是哀牢古国的首邑。汉家五尺道开通后，与中原地区在经济文化上开始有广泛的联系。哀牢归汉以后，农耕水平有极大提高。经唐、宋、元、明四朝开发，河图已是水乡小镇，永昌的鱼米之乡。明朝爱国将领邓子龙南征归来，在永昌扎营，专程区河图看金井比目鱼，品小镇美味，并写下一首情深意浓的诗：

哀牢前属国，山川尚有灵。

水池分冷暖，金井幻阴晴。

比目鱼还在，封神说汉名。

独伶征战地，岁岁草青青。

跟随邓子龙去河图的几名将士，看到河图一派泽国风光，跟江南故乡的山水十分相似，申请留住永昌军屯。在下的将士，远隔家乡万里，每到元宵，乡愁涌起，慰藉他们的内心痛痒，只有做顿家乡菜，斟壶酒，让异乡缥缈的愁苦散去。做道什么菜呢?

大烧是将士们的拿手戏!

把养着的壮猪宰杀除毛，清腔下水后缝合破口，通体涂上芝麻油、蜂蜜、矿盐、草果腌制半天，再将猪体架在栗炭上边翻边烤，边烤边涂料，直到全熟。

出炉的大烧，外酥内嫩，皮色金黄油亮，香脆酥润，肉质鲜嫩细腻，甜香平衡。

驻守边关的将士，吃着切成块状的大烧脆方，赴一场怀乡的盛宴，心随白云飘落在毓秀的江南山水间，暂时获得一丝缱绻的时光。

手艺就这么一代代传下来。

现在，天天有大烧，人们大都能吃出烤肉的脆香味道。

当你有兴趣回望一下永昌古代的军屯历史时，大烧脆方是有诸般滋味的......

大烧脆方

2.契丹红生

永昌南边的施甸，木老元村、长官寺村、银川村一带居住着一个神秘的族群，他们供养祖先是辽国始祖耶律阿保机。生活习性方面喜食猪里脊生肉，俗称“红生”。

按他们的家谱记载，始祖耶律阿保机于公元916年建立契丹国，1115年被女真所灭，改国号为金国。1206年金国被铁木真灭，建立元朝。契丹人在一百多年的时间被融入蒙古族，随元朝军队南征进入云南，其中的小部分留在施甸军屯。他们当中的将士多数为契丹人后裔，碑刻上用契丹文、汉文记录下始祖耶律氏，并起姓氏为“阿”。在往后的历史岁月里，因阿姓受歧视，有的由“阿”姓改为“莽”姓，“莽”姓后改为“蒋”，后来由“蒋”姓改为多种汉族姓氏，历史就有“阿改莽，莽改蒋，蒋改了”之说。

契丹人的后裔受汉文化的影响，已融入民族大家庭。但在每年腊月宰年猪吃红生习惯上，丝毫没有改变。

寒冷的腊月间，宰杀年猪，取里脊肉切粒，再剁成泥，放入水腌菜、盐、辣椒、大麻椒凉拌。最特殊的一点是，要用刀刮下山胡椒根的外皮做香料，调配红生的肉香。

一道来自北方草原远古的菜肴，先敬始祖耶律阿保机，再敬施甸契丹头人阿苏噜，随后就是一顿酣畅淋漓的甩红生。

食用生肉是契丹后裔的民俗，但从食品卫生安全的角度看，还是与当下文明有差距。经过厨艺的改良，把生肉汆熟再拌，其口感尚佳，供奉祖先也不会惹怒神灵。

经改良的契丹红生，再添加山胡椒，吃起肉甜爽口，干净明亮。山胡椒的芳香浸润肉质，植物的自然香味搭上嫩肉的体味性香，直接到达味蕾的峰尖，无限浪漫地飘洒在胃口。

肉的吃法被山胡椒牵回到原始的自然，肠胃欢快的蠕动是找到祖先遗传的激荡，再现出诗人司马光《送张寺丞》诗句的光景：

汉家五尺道，置吏抚南夷。

欲使文翁教，兼令孟获知。

盘馐堆蒟酱，歌杂竹枝辞。

经历山胡椒拌红生的美食情趣，是其对美食的高峰体验。契丹后裔创造的肉食之美，让人们直观地看到和感受到哀牢古国，契丹耶律阿保机在历史上曾经被封尘了的美食天地。

3.机工卤拼

1937年抗战开始，东南沿海相继沦陷，到1938年10月广州沦陷后，中国对外通商口岸几乎全部被日军占领，所需物资只能改由越南海防进口。日军随后又占领登陆海防，切断滇越铁路。从此，滇缅公路成为中国的唯一国际供应线。

爱国侨领陈嘉庚在南洋各地展开募捐运动，筹集一笔巨款，购买一千辆道奇汽车捐给国家。陈嘉庚了解到祖国抗战急需汽车司机和修理工，于是又在新加坡、马来西亚、印尼各地成立“南洋华侨机工回国服务团”（简称南侨机工）。3千多名华侨青年报名参加，分批从南洋回国参加抗战，担任运输工作。

1939年至1942年期间，南侨机工主要担任缅甸腊戍到芒市、保山、下关、昆明的军事物资运输。保山驻有第9运输大队，第14运输大队补充中队，汽车修理厂，西南运输处保山战地医院。当时南侨机工日夜不停抢运物资，每次由遮放转运物资到达保山，已是午夜的歇脚之地，饥肠辘辘，找个食馆吃饭，店家都已打烊。城里唯有香柱巷口推车卖冷荤的小贩还在叫卖。饥不择食，南侨机工都跑到露水摊，每人切盘卤拼，斟口土酒，慢慢享用，解除一天奔波的困倦。

过去保山人讲的冷荤，就是卤猪杂和牛杂。因保山用的卤料不同，口味咸中带甜，无辛辣刺激味道，南侨机工尚能接受。

百年前的保山、腾冲人出缅甸，走印度，下南洋的华人华侨带回许多外域香料，广泛应用于烹饪当中，极大地丰富了保山卤菜的调味料，出现了中西合璧的融合景象。

保山卤菜中使用的缅甸“木丝啦”（保山当地人称荔肉）香料，卤制出的冷荤有股来自南洋热带雨林神秘的植物醇香，清新淡雅，肥而不腻，甜咸平衡，回味悠长。

南侨机工翁家贵最爱吃肥肠卤拼，昆明退休后回保山安居养老，常在家中做卤拼，活到103岁高寿，他是南侨机工中寿命最长的一位。

千里滇缅公路，日夜奔驰抢运抗战军事物资的道奇车，永昌古城的露水摊和这道爽口的卤拼，成为南侨机工炽热的眷恋。

三、热菜上来

1.弘祖笋丝

这是一道普通的农家菜。春秋两季，永昌的山野生长的龙竹开始冒笋，静听竹林间的生命之音，就是破土而出的甜笋。农夫采挖回家，洗净切成细丝，放入鸡汤中炖煮，待土鸡肉烂时捞起放凉，鸡脯肉撕成鸡丝，再放入锅中与甜笋丝文火炖煮，来自山野神秘的清香，弥漫山村小屋，若遇到过客进门，一起享用，不亦乐乎。

公元1636年徐霞客开始他一生中最后一次也是最光辉的一次远游。历时四年，

弘祖笋丝

游遍了祖国的南方各省。1639年重返云南，四月初二十二日到达腾冲北部固东考察，宿于名叫“新街”的一家农户。第二天晨起，火塘边煨茶等主人家做早饭。开饭时就只有一锅笋丝煮鸡，徐霞客先喝汤一碗，清甜香口。味道与老家江苏江阴县的笋丝汤一样鲜美。仿佛来到烟雨江南，郁郁葱葱的青山之间，有泉水涓涓流过，竹叶婆娑，一切都灵动起来了。很长时间没有尝到家乡味道，特意在《滇游日记九》中记录：“二十三日，命主人取园笋为畏供，味与吾乡同”。

徐霞客是我国明代伟大的旅行家、地理学家、史学家、文学家，他所著《徐霞客游记》中记录了云南的山水风光、人文地理。在永昌府的饮食方面，也有不少记录。甜笋是江阴老家的特产，在腾冲固东吃到后，久不能忘。后人为纪念他，择他的名“弘祖”命名甜笋煮鸡为“弘祖笋丝”。

2.金山酒炒小公鸡

永昌蒲缥有三道名菜：汆小肠、鸡丝凉米线、酒炒小公鸡。

著名爱国侨领梁金山先生就生在蒲缥方家寨，家乡菜酒炒小公鸡是他的最爱。

当地人用农家放养的小公鸡，宰杀后褪毛，洗净，切块，上油锅翻炒后倒入糯米酒熏焖。鸡肉里腥味的胺类物质溶于米酒的酒精中，加热时随酒精一起挥发掉。酒中的氨基酸在烹调中能与盐结合，生成氨基酸钠盐，使鸡肉的滋味更加鲜美，再有酒中的氨基酸与调料中的糖会形成一种诱人的香气，使公鸡肉香味浓郁。吃起来油而不腻，嫩而不滑，软糯酥香，韵味醇绵。

梁金山先生1900年就侨居缅甸，经过在南渡、邦海、波顿矿区的打拼，由草根到富商，成立了自己的商业王国，涉足冶金、运输、贸易、金融业。1937年7月7日抗日战争全面爆发，梁金山以爱国侨领实业家的身份，带头成立了“中国缅甸华侨抗战后援会”，毁家纾难支援祖国的抗日战争。1941年梁金山的金光汽车运输公司由仰光抢运抗战物资至昆明，当第一批金光车队抵达昆明，时任西南运输公司总经理的宋子安先生前去迎接。当他看到车队的标识是只高昂红冠的红公鸡，他明白了梁先生是位性格勇敢、顽强的商人，红公鸡同时寓意着百咒不侵，正气浩然，出师大捷。

梁金山爱吃家乡的酒炒小公鸡，连金光汽车运输公司的车辆标识都采用红公鸡图案。他离开家乡40多年，酒炒小公鸡留给他的印记，化作成缕缕乡愁，弥漫在南渡每个思乡的夜晚。家乡人出于对他的崇敬，从味蕾的家常出发去想，故起名“金山酒炒小公鸡”。

1942年梁金山回到祖国，支援抗战。老年后归隐蒲缥老家，老伴杨凤英常给他做酒炒小公鸡，说是吃了延寿。梁金山生于1882年，1977年去世，享年95岁。看来梁金山的长寿与他爱吃酒炒小公鸡这道菜不无关系。

3.碗里江山

永昌自古就是滇西重镇，历史上的征战留下许多兵家后裔。到明朝时，社会相对安宁，战场的厮杀变为棋盘上的博弈。《一统志》载：“永昌之棋甲天下”。《徐霞客游记》有云：“棋子出云南，以永昌者为上”。明代刘文征所撰《滇志》中记载永昌府物产，特别提到“料棋”，即用烧料制成的围棋子。清代陈鼎撰《滇黔游记》载有：“永昌出围棋子光润如玉琢”。《永昌府志》记录：“永碁，永昌之碁甲于天下”。性情散淡的永昌人，闲暇泡壶老茶，棋盘上走几步围棋，消磨一天的好时光，在黑白棋子的博弈中享受快乐。“永子”那时也成为上送皇家的贡品。

当地的厨子会走几步围棋的也不少，但无大把时间去耗，就在厨房研习“棋菜”专供下棋的人请客吃饭，输者出钱，以示战败。其中一道菜叫“碗里江山”，鱼肉做成的围棋一黑一白，各放笼中，捻菜为动棋，碗里体验围棋战法之乐趣。人生一步棋，碗里定江山。那时的永昌人还真有几分飘逸。

“碗里江山”软糯而富有弹性，入口的瞬间一股鱼香沁入心脾，令棋手无比舒畅。永昌漂泊游子想起这道菜，有点“故乡今夜思千里”，远离故乡，萦绕的乡愁挥之不去，留下多少个不眠之夜。

4.状元肘

1524年7月，翰林修撰杨慎因“议大礼”得罪明世宗，被永远充军云南永昌府。这位才华出众的大明朝廷状元，戍居永昌府36年，诗作2300多首，为云南文学作出卓越贡献。他编著的《云南山川记》《滇程记》《滇侯记》《滇产记》《滇载记》等方志著作，为后人提供珍贵的史料，方国瑜先生评价为“详翔实可信”。他在考察云南的山川河流、民俗风情、历史变迁的长途跋涉中，得了严重的脚气病。永昌诗人张含为他找寻中医治疗，同时运用传统的食疗为他治脚疾。

杨慎是四川新都人，好吃新都有名的金堂黑山羊肉。永昌产黄山羊，张含请他到家吃饭，煮一锅羊肉杂碎汤，配葱、姜、花椒、大叶石龙尾，肉香与植物芳香混搭，调出羊汤悠悠的香气。酒诗来起，在闭塞的边地，照样吃出一种永昌大家风韵。

杨慎毕竟在京城长大，吃口也有讲究，常吃带有闯劲的羊杂汤锅也就腻了。张含请家厨想法烹制带京味的羊肉，换下胃口。那个时代的家厨也没见过多少世面，七思八想，简朴地认为吃哪里补哪里，杨状元有脚疾，就做羊腿给他吃吧！

取羊肘，洗净，上料腌制半天，下油锅炸成至略黄起泡皮，再用香料卤制。文火慢熬一天，肉烂即可，汁水勾芡浇上成菜。

一只只汤汁浓稠、滋润酥软的羊肘，经过较长时间的烹饪，质地坚韧的部分有效分解，羊肘吸足了调味香料，十分入味，色泽红润，一看就有心跳的感觉，快快分享。

杨慎品尝红烧羊肘后，体验到京味特有的芳醇。虽然漂泊天涯，道是无家却有家。每年冬季到来，张含请杨慎的家宴，红烧羊肘成了宴客的压轴。

永昌人都知道杨慎，民间尊称：杨状元。红烧羊肘是杨状元喜爱的一道永昌私房菜，江湖传为“状元肘”。

5.南红牛肉

永昌出玛瑙，《徐霞客游记》中已有权威记载。徐霞客在永昌杨柳考察玛瑙山，记录："上多危崖，藤树倒罨，凿崖迸石，则玛瑙嵌此中焉其色淡蓝色有红，皆不甚大，仅如拳，此其蔓也随之深入，间得结瓜之处，大如升，圆如球，中悬为宕，而不粘于石，宕中有水养之，其晶莹紧致，异于常蔓，此玛瑙之上品，不可猝遇，其常积而市于人者，皆凿蔓所得也"。清代永昌玛瑙因色如红柿子，故称柿子红，也叫南红，早期古人称红玛瑙为"赤玉"，多用于朝珠、顶珠，区分官阶。佛教密宗认为，玛瑙是一种可以与神灵沟通的奇异石头，拥有和佩戴可以驱邪避灾、护身平安。南红象征吉祥活力，给佩戴者增加愉快和信心。在藏传佛教的文化中南红文化是不可或缺的一部分，是佛家的七宝之一。尤其是清朝雍正皇帝在位时，对藏传佛教很是喜爱，南红玛瑙在中原文化中慢慢传播开来。

南红文化是中国传统中的一部分，它承载着中国人根深蒂固的红色情结。它深沉的红色，像太阳一样温暖、慈祥，深受国人的偏爱。

今天保山杨柳阿东寨出产的南红玛瑙，颜色艳丽，润泽度浑厚度上佳，完整度好，成为南红中胶质感最好的玛瑙，受到广大玩家的追捧，更是一种石文化宗教文化

南红牛肉

的交流和融合，影响着人们的工作、生活、精神。

南红玛瑙已从过去的官家“专属”到“平民”的跨越。赋予“南红牛肉”的这道吉祥菜肴寓意着时代的变迁。《永昌府宴》搭载上的南红牛肉选用保山丙麻优质黄牛肉，洗净，汆水，除血渍，再用胡萝卜、西芹、洋葱腌制。用胡萝卜汁、南瓜汁、西红花染色，文火炖煮4小时，再上蒸笼蒸2小时，然后调汁勾芡成菜。南红牛肉色如满红玛瑙，肉质炽嫩醇香，通过舌尖之味道可将你寄托的美好希冀充分表达出来。

6.红汁公孙丸

缅甸贡榜王朝第十任国王敏东的长子美克雅（MetKaya），生有一子，取名莽哒喇彊括。因宫廷内乱，美克雅被流放缅甸北部，彊括出家念佛。英殖民主义发动第3次侵缅战争，缅甸贡榜王朝失败，锡袍王被软禁于印度。缅甸爱国志士推举彊括为首领，展开抗英武装斗争。经过5年的艰苦战斗，终因双方力量悬殊太大，彊括于1890年率领残部百余人，带着两头大象，由八莫逃进中国，达到干岸土司领地（今盈江）避难。

彊括生于1867年，流亡中国时他才23岁。他多次写信给云贵总督岑毓英，请求进

公孙丸

京拜见慈禧，看在缅甸是中国的番属国的情面，支援疆括抗英救国。当时的大清帝国刚刚才摆平马嘉理事件，签订《烟台条约》，对英国又恨又怕，哪敢还支援疆括。岑毓英用言辞委婉的回信建议疆括留在干岸，在边陲一线方便与缅甸联络，有利于抗英斗争。并指示干岸土司拨出田产给疆括收租，每月给六两白银维持日常生活开支。

疆括在干岸暂时安居下来后，又策划过2次抗英战斗，一次是派长子加摩里钔德攻打茅草地，失败后加摩里钔德退入野人山躲藏起来。另一次是派次子左宜盾攻南坎，再次失败，左宜盾被掳，送往伦敦关押。疆括在中国住了54年，卧薪尝胆，竭尽全力谋求复国，终未见到故国重光。

1936年，疆括上书云南省政府，请求支助，进行复国宣传。当时的云南省主席龙云认为缅甸王太孙疆括以后很有可能成为缅甸政治的中心人物，便予以补助，并命令腾冲县政府每年发给一千元生活费，指定疆括一家驻腾冲。疆括一家搬进腾冲城，用补助款在东街买了所一进三院的住宅，并在天井中央种茶花3棵，以示纪念，并感激龙云主席。

疆括原在缅甸有香草精舍，通晓药草治病医术，每天都在腾冲将军庙门口悬壶行医，补贴家用。

曾任省政府秘书长一职的文化名人王灿，云游腾冲期间，专程拜访看望疆括。

诗录一首：

《晤缅太子莽哒喇疆括》

王灿

国亡尽有号空存，

相对难将往事论；

岛上曾闻羁帝子，

路隅今见泣王孙。

伤心故土无归日，

感念宗邦有旧恩；

颠沛未忘恢复志，

一书血泪尽啼痕。

王灿随后还请腾冲友人，在家中小院略备薄酒，粗置素宴，请疆括共进晚餐。疆括是佛教徒，饮食清淡，但主人家还是安排厨娘专门做了到“红汁公孙丸”，让疆括捻请品尝。

这道私房菜的做法是：五花肉切丁剁成泥，放胡椒、蛋清、咖喱、葱姜粒，顺时针方向拌匀。银杏去内皮，用拌好的肉泥把银杏包裹成肉丸，放入沸水中慢炖。汤汁中放点盐，切好的丝瓜用盐水泡5分钟，放入肉丸中一起炖煮。

肉丸熟后捞起，剩下的汤汁放酒糟水、红糖、荔肉、精盐，生粉水勾芡，将调好的红汁浇肉丸上，再把丝瓜放入盘中。

肉丸内核用银杏，银杏又称“公孙子”，故名红汁公孙丸。

席间，王灿讲银杏树是公孙树，公辈栽下，孙辈得享。天下多少事，尽一生之力，终会有结果。王灿与疆括的一番清谈真还有点：“清淡如玉水，逸韵贯珠玑。高位当金铉，虚怀似布衣”。

红汁公孙丸成为令疆括无限遐想的一道寓意菜。

疆括1944年5月在芒市印金寨去世，享年84岁。

7.棕米虾仁汇

李根源先生是中国现代史上著名的政治活动家、教育家、军事家、学者、诗人，他的一生都在为中华民族的发展进步和地方传统优秀文化的传承而努力。《永昌府文征》就是他主持辑录上千种不同历史时期的典籍文献，皇皇巨著，世纪新颜，可称为云南文坛史上最耀眼的一颗文曲星。

1945年他辞官回乡，安静的生活在风景毓秀的腾冲古城。他每天的膳食简单，一粥二菜即可，特别喜爱腾冲固东一带出产的棕包米，加点河虾清炒或炖煮，吃出棕米的清香与河虾的鲜嫩。参与他辑录《永昌府文征》的好友王灿得知李根源隐居滇西老家，特地从昆明到腾冲看望他。休居在叠园的日子，王灿每顿饭都陪李根源吃棕米虾仁汇，吃得清凉泻火，气通人爽。王灿诗云：

《棕笋》

棕笋产蜀中，亦复生腾阳。
厥状俨若鱼，剖之子鹅黄。
结实闻自冬，孕育同包桑。
蜀人供佛馔，僧家宝非常。
略如苦笋味，渐能回甘芳。
我来此三月，每饭不能忘。
印老嗜相同，时时佐羹汤。
清品脏胃宜，今真饱诗肠。
苏子称木鱼，雅咏名益扬。
作诗表土物，长公非敢望。

食用棕包，是保山一带特有的生活习性，焯水后凉拌、炒肉、煮汤、熬羹各有吃常。腾冲北部海拔高，空气湿度大，森林密布，在山野中生长的棕包树到秋天开花季节，采摘下花苞食用，棕米黄嫩，苦味少，吃起回甜，是棕米中最好的食材，素为腾冲乡人所喜爱。李根源生于斯，长于斯，对棕包情有独钟也就在情理之中了。故乡的大自然所赠予给他的一片片棕包，都有它的用意，只需欣然接受，苦乐甘甜碗底香，上天自有安排。

腾冲民间有种说法："李先生爱吃棕米才长寿"。李根源享年86岁。

8.佛手蛋

缅甸蒲甘王朝时期，佛教再次大规模传入永昌府，两地僧人交往频繁。云游到永昌府的梨花坞，吃斋饭时惊喜的碰上一道素食——佛手蛋。

佛手蛋形似炖蛋，其用料为南瓜子，研磨成淀粉加水调拌后，蒸炖而成。

南瓜子含有丰富的不饱和脂肪酸、磷酸、谷固醇、单糖、维生素A、维生素E、维生素C、B族维生素，还有胡萝卜素、丰富蛋白质和锌、镁、磷、钠、硒等微量元素。

那时的僧人也不知其科学分析，在长期的寺院生活中，感知此物健脑提神，降压镇痛，驱虫杀虫。时常打坐，活动不够，吃南瓜子可保护前列腺。梨花坞的佛手蛋一直传承至今。1983年，梨花坞僧人素食制作团队应瑞士邀请，到日内瓦展示永昌传统斋宴，席间瑞士友人品尝到佛手蛋赞叹不已。如此神奇的中国素食，赢得瑞士素食协会的认可，并请梨花坞斋宴团队赴苏黎世、首都伯尔尼继续展演一月。

梨花坞佛教素食文化在瑞士的成功交流，让世界认识了保山，还有那碗神秘妙香的佛手蛋。

9.马帮下素

永昌是千年古道的重要驿站，南来北往的马帮都要在这里歇脚。在野外山坡露营，架起旺火烧茶做饭。每队马帮都有一个棕皮编成的口袋，里面放有切成四方块的腌肉，古称“下素”。铜锣锅在火上炼热后，放入下素混炒，加食用植物香料、烧盐、土酒，再加上山泉水焖煮，汁水快干时提铜锣锅下火，一道粗犷的马帮下素完成。吃着飘香山林的马帮下素，火塘边冲着飞客子，故事、笑话一大堆，苦中求乐，成为古道马帮赶马人的一大操行。

历史上永昌道上马帮远去的背影，只留下一些饮食的记忆，马帮下素这道菜还在现代人的生活中保存下来。但有的已变为野外烧烤，添加更多的工厂化调料。然而，千年马帮下素的混炒焖炖，还是那么别有滋味，流传后世。赶马人正是用这种最朴素和原始的方法，保留了马帮下素那份独有的纯粹。

马帮下素这道菜所寄托的大概就是滇西高原生活的宁静、高远。

四、主食

鲜花蒟酱挂面

永昌人做饮食，喜好用鲜花来提香。凤蜜花炖蛋、栀子花腌豆腐、芋花腌菜、白花炒豆米，不胜枚举。在煮挂面的过程中放入南瓜花、白玉兰、茉莉花、金雀花、金银花、油菜花、白菜花，都能增加面条的花蕾香味。食花习惯已流传千年，今日还是那么执着。

煮好的面条放一勺蒟酱，整碗面条燃起一股来自山野奇妙的蕈香。蒟酱太古老，出自永昌，汉代就有。宋、元、明、清不断改进制作工艺，蒟酱成为华夏美食之一。通过西南古道传入蜀地，又誉响京城。古籍中记载颇多，康熙《永昌府志：杂记》鸡㙡条云："鸡㙡，菌属，滇中处处有之，永郡惟永平尤多……土人盐而脯之，经年可食。若熬液为油，以代酱鼓，其味尤佳，浓鲜美艳，侵溢喉舌，洵为滇中佳品。汉使所求蒟酱，当是此物……"

蒟酱的主料是采用永昌地域内生长的鸡㙡，加入诸多食用植物香料，文火慢慢熬制。一般需10天时间才能熬制完成。

蒟酱的香味混搭着菌香、果香、芳香、油香，有种动物性的肥美。

永昌一进入明亮、温馨、舒爽的雨季，保山居家都要做几瓶蒟酱，托人带给在外的亲人和朋友，通过蒟酱香味的载体，传递着保山的家和亲情、友情的讯息，也是一次乡愁在舌尖上的落定，回归到童年时代最初的相遇。

五、面点

永昌小绿豆

永昌产蚕豆，传统品种中有一颗子小的蚕豆，豆心发绿，俗称"小绿豆"，是古永昌特有品种。小绿豆一般不在大田种植，而是在水稻田埂边点种，稻熟豆饱，收回农家晒干储藏。

新鲜的小绿豆可研磨熬浆，也可做成饼。永昌小绿豆，采用精面加绿豆粉、糖制作而成。口感是豆香软糯，兼有糕饼二味，这其中调和的艺术，极致的追求，造型美感的享受，就像永昌人理想的生活，不仅是劳作为生存，更是为有趣的乡村生活。

见微知著，永昌人生活的艺术都蕴藏在这精美绝伦又滋味美美的永昌小绿豆里。

六、甜品

世纪布丁

著名记者斯诺于1930年12月6日到达云南府（昆明），开始了他的南行。他跟随马帮经楚雄、大理、永昌，于1931年3月2日抵达腾越。

腾越是个大商汇，中外交流频繁，东西方形形色色的各路人物经由此地进出，西方的生活方式和烹调技法在百年前就已传入。而在腾越英国领事馆历任领事雇请的厨师，离职后散落在腾越城内，他们自行开店，经营西式简餐，自制西式面点出售。西餐文化元素渐渐渗透进腾越人的日常生活，多少也影响着当地人的口味。所以腾越城里的男女老少普遍喜爱甜品。

斯诺在腾越认识了英国植物学家弗瑞斯特，弗瑞斯特请他的私人厨师王大师为斯诺做了一道甜品，叫“世纪布丁”，斯诺吃过后大发感叹，在《南行漫记》中写道：“大师姓王，曾在一位苏格兰植物学家的探险队里充当领班多年，受过只有苏格兰人才能提供的那种强调高度责任感和效率感的长期训练，他只需十五分钟的时间，就能在丛林腹地拿出五道菜的一顿正餐，其顶峰是一道极为美味的世纪布丁，这是西方的家庭主妇所望尘莫及的。这样的厨师，在全中国也找不到半打。他是一位真正的艺术家，打从头一天吃了他做的菜起，我就崇拜得五体投地，只有听任他摆布了”。

世纪布丁百年前起源于腾越，经新西兰华人作家杨晓东先生考证，是用面粉、牛奶、鸡蛋、水果制成。

首先，用开水把西米泡开待用，然后将锅里放适量水，白糖慢煮至糖化，起锅晾凉，然后把蛋清、牛奶、生粉加水搅匀，煮熟起锅盛入模具，待凝固后装盘加奶油、雕梅即可食用。

世纪布丁经斯诺的《南行漫记》一书，传至西方，广为模仿。这道甜品让斯诺久久怀念着花国的腾越，还有腾越那些至简至美的美食。

《永昌府宴》拾摭

说到保山的菜肴，多数是文人、名人、百姓以食为地，以食为天，饮食同文化的融洽，天地人相合，呈现出来的一个丰富多彩的地域文化，于是有了永昌传统美食文化的昨天、今天和明天。

永昌人对饮食是讲究的，远的不说，明代文人张志淳、张含、杨慎就是美食家，《永昌府文征》文录中就有他们书写美馔的文章。现代名人李根源、王灿在他们的诗词中，就有咏叹美味佳肴的诗句。但我们没有看到什么山珍海味，不过是普通的羊肉、鸡肉、棕米、银杏、甜笋、时蔬而已，这正说明他们也是普通人，过着平静与恬淡的生活，每顿所吃的饭菜无不渗透着对生活的挚爱。

永昌人的口腹之欲，荤素浓淡，各有所钟；咸酸甜辣，各有所适。爱国侨领梁金山一生就爱个酒炒小公鸡，南侨机工就喜好卤拼，缅甸王孙疆括除了咖喱就是银杏，契丹人后裔就爱红生，赶马帮的汉子就吃下素，军屯后裔要甩大烧，美国记者斯诺记住了腾冲西米冻。永昌人的饮食之道说来也极为简单。但是如何吃，如何饮，往往反映出不同的思想和情操。

《永昌府宴》开胃碟，是当地百姓的家常菜，自然，生态，做法极简，口感中性。紫苏的运用虽然是古法，但今天欧美营养学专家证实了紫苏的功效，并大量运用于西餐之中。酸甜的大蒜、芋花、荷包豆、黑珍、都为尚好的食物，营养搭配平衡。水晶鸡冻又适合口味清淡，若有西人参席，又可尝到中式咸布丁，也是一个开餐的惊喜。

自然之物是最好的食材。保山水寨乡海棠凹的松茸，个大，香味足，用西红花水炖制，菌香四溢，提神正气，为《永昌府宴》增添喜悦。

凉菜是两道香脆爽口的肉食，一烤一凉拌，减弱了它的火性，食之放心，而不用再考虑怕上火的忌讳。捻请席间，历史的河流奔来眼底，辽国的兴衰，契丹人的流浪，元朝的征战，明代的军屯，注入方寸盘中。有气壮山河，也有胃知乡愁。机工卤拼，因用木丝啦卤制，香甜可口，油分和胆固醇多被分解，可放心食用。特别是耳边响起《再见吧南洋》，海外赤子的爱国热情和义举深深触动着侨乡保山人的心灵。

热菜袭来，先是带有江南口味的弘祖笋丝，香甜清淡，是道被徐霞客点评过的山中农家菜，今日登上大雅。金山酒炒小公鸡出自蒲缥小镇，因名人效应，有一席之地。鸡肉与土酒的混炒而放出的醇香，确实让人口馋。碗里江山的鱼肉，用澜沧江鱼肉烹制，软糯舒畅，映射出的永子文化，再添人文气息。状元肘炽嫩甜香，显出厨艺的精到，品尝过后想到的是杨慎的千古绝唱《临江仙》："滚滚长江东逝水……"红汁公孙丸，虽是道给缅甸王孙疆括的寓意菜，做法精巧，肉中有核，半荤半素，性情温和，同时盘中兼馔承载着胞波情谊。南红牛肉是道精品大馔，展现出保山石文化风情，牛肉变得浪漫起来。民国元老李根源的棕米虾仁汇，带来一股清香的味道，至简至美，家常饮食。佛手蛋加入凤蜜花蕊蒸炖，妙香迷人。素食又来降低宴席荤菜的热量，找到圆融的路径。最后的热菜是离我们渐行渐远的马帮下素，在风风雨雨的日子，才会想到它的温柔，古道上滋养过无数的滇西汉子，宴席上它高远的站着，带来整桌菜肴谢幕前的宁静。

安静的尝个小点。永昌小绿豆带来软糯的豆香，朴素的永昌乡村风情，致你一个含羞的微笑。配一小碗鲜花蒟酱面条，尝到的是悠远的酱味，古风犹存。甜品世纪布丁趁着斯诺的赞美出场，富有弹性的甜嫩触碰舌尖，迎来温馨一刻，找到东方的情调。

品一口滇西1944胜利之酒，回归民族应有的自信。

饮一口新鲜石斛汁，清凉地回到永昌的老时光里。

永昌府宴尝碟

主料：保山蒲缥梨壳蒜2千克
辅料：香辛料20克
调料：食盐18克、红糖100克、食醋5千克
制作方法：1.梨壳蒜放入缸中，加食盐拌匀；
2.香辛料用红糖、食醋熬制好后待凉；
3.料水放凉后倒入缸中浸泡梨壳蒜，100天后即可食用。
特点：蒜香脆甜。

蒲缥甜大蒜

主料：保山蒲缥黑皮花生100克
辅料：话梅10克
调料：食盐2克
制作方法：1.锅中放入清水、黑皮花生、话梅慢煮至炽；
2.加入食盐，煮至花生软糯即可捞出装盘。
特点：酸甜香糯。

话梅黑珍

主料：芋花1千克
辅料：保山胜香斋麸醋5千克
调料：生姜片50克、食盐10克
制作方法：1.芋花去皮，切成3厘米小段；
2.切好的芋花放入罐中，加生姜片、麸醋、盐拌匀，腌制3天即可食用。
特点：酸甜清脆。

甜脆芋花

翡翠荷包豆

主料：保山荷包豆米250克
辅料：姜片10克
调料：麻油2克、生抽5克
制作方法：1.荷包豆米放入清水中慢煮，煮熟后捞起晾凉；
2.滴上生抽、麻油拌匀即可食用。
特点：清香可口。

紫苏萝卜龙

主料：白萝卜1500克
辅料：米汤1500克、紫苏5克
调料：食盐20克
制作方法：1.萝卜切成长条形花刀；
2.切好的萝卜放入罐中，放食盐，紫苏叶，浇上米汤浸泡72小时后即可食用。
特点：酸脆香润。

水晶鸡冻

主料：鲜鸡肉500克、鲜猪皮500克
辅料：姜片10克
调料：食盐10克
制作方法：1.鸡肉、猪皮、姜片加清水用小火熬煮3小时后滤出汤汁，放盐拌匀，倒入不锈钢凹方盘中；
2.自然冷冻24小时，切为2厘米×2厘米方块上盘。
特点：软糯醇香。

主料：松茸片25克

辅料：西红花0.1克、鸡汤100克

调料：食盐1克、胡椒粉1克

制作方法：鸡汤里放入西红花蒸30分钟，接着加食盐、胡椒粉、松茸，盖上盖大火蒸5分钟即成。

特点：菌香四溢、素汤可口。

西红花炖松茸

保山·永昌府宴

大烧脆方

主料：保山河图大烧

辅料：青笋、胡萝卜

调料：柠檬、食盐、味精、小米辣、酱油、甜子

制作方法：1.将青笋、胡萝卜切丝腌制调味做成大烧底座；

2.将烤好的大烧切成3厘米的方块置于底座上；

3.用柠檬、食盐、味精、小米辣、酱油、甜子调成蘸水；

4.大烧适当点缀和蘸水一起上桌。

附河图大烧现代制作方法：

1.取2500克五花肉用盐和白酒腌制；

2.用尖刀在肉皮上刺小孔，便于盐浸入；

3.腌制好的五花肉挂于通风处，凉24小时，再放入明炉中烤45分钟；

4.也可把凉干好的五花肉放入锅中，肉皮朝上，放入冷油，文火加温，炸至肉皮金黄酥脆。

特点：大烧酥脆香绵、时蔬甜酸爽口。

契丹红生

主料：猪里脊肉1000克、青菜2000克

辅料：红曲米250克

调料：大蒜油15克、花椒油2克、山胡椒根皮5克、鲜柠檬汁150克、食盐10克、味精2克、辣椒10克

制作方法：1.里脊肉剁成肉末；青菜切细，红曲米煮成水过滤，把肉末放进过滤后的曲米水里过水，青菜过水；

2.红肉末与青菜摆成圆形，一圈红肉末套一圈青菜，红绿映衬；

3.柠檬汁盛碗内，加入食盐、辣椒、大蒜油、味精、花椒油、山胡椒根皮末拌匀，浇在红肉末上，10分钟后拌匀即可食用。

特点：色泽鲜美、酸、辣、爽。

主料：猪肚1个、咸鸭蛋黄10个、卤牛肉30克
辅料：青笋15克、胡萝卜10克、黄瓜20克
调料：食盐15克、生抽20克、甜酱油20克、花生末10克、油辣椒15克、花椒油5克、香油10克、香菜少许、秘制卤料包500克
制作方法：1.将猪肚洗净，肚内放入咸蛋黄，青豌豆米，缝合肚里，紧压成形；
2.将其他肉类原料氽水备用；
3.将所有肉类，猪肚放入卤锅中卤制2小时，然后泡3小时取出冷却；
4.将青笋，胡萝卜氽水切片备用；
5.待肉类冷却后，切成厚、薄均匀的片拼盘，调滇味汁上盘即可。
特点：清新淡雅、肥而不腻、甜咸平衡、回味悠长。

机工卤拼

弘煮笋丝

主料：甜笋2颗、三合肉泥200克、鸡清汤500克

辅料：香菇12朵，去皮豌豆米40粒，火腿24片，芫荽12片，葱、红椒细丝少许。

调料：食盐3克、鸡精2克、白糖5克

制作方法：1.甜笋去壳，取嫩实部分切成6厘米长的方块，片成薄如白纸的片，万刀成纹丝，泡入水中备用；

2.取大小均匀直径3—4厘米的香菇去蒂，正面改花刀清洗备用；

3.三合肉泥加葱姜水，食盐，白葡萄酒，白糖，调味打上劲；

4.将肉泥抹于香菇窝内，点上小芫荽叶子，镶上两片菱形火腿片；

5.将甜笋丝均匀置于汤窝中，油、盐水将香菇件浸熟摆入汤窝中，注入鸡汤，撒上豌豆米，用盐、鸡精、白糖调味，中间放上葱椒丝，上火煮熟即成。

特点：竹笋细如银发，万刀成丝。鸡汤清如山泉明净，味咸鲜，肉质软嫩滑口。

金山酒炒小公鸡

主料：小公鸡腿肉

辅料：大蒜子、葱姜粒、陈皮粒、青红椒圈、蛋饺

调料：糯米酒、复合酱、辣鲜露、细辣椒面、芝麻油、花椒油

制作方法：1.将小公鸡洗净斩一指条，用食盐、葱姜、糯米酒腌制备用；

2.热锅冷油，放大蒜籽、陈皮、香料炒香，再下复合酱同鸡一起翻炒至微黄；

3.将糯米酒喷在鸡肉上、撒青红椒炒至熟透装盘；

4.围上蛋饺烧卖成菜。

特点：公鸡肉滑嫩、酒香味浓。

主料：青鱼一条

辅料：老鸡一只、火腿骨一斤、菠菜200克

调料：食盐10克、味粉15克、白糖5克

制作方法：1.青鱼去皮、去骨，剔净筋膜清水漂至净白；

2.将制成鱼泥用纱布过滤后分成两份，一份调味入裱花袋挤进模具入笼蒸熟，做成白色棋子，另一份加入菠菜汁调味，相同方法入笼制作成墨绿色棋子；

3.老鸡割下鸡脯肉，打成泥，其余鸡肉、鸡骨，火腿骨，鱼骨一起煲汤，熬制两小时以上，用制作好的鸡肉泥清汤；

4.将制作好的棋子用熬制好的清汤调味煨制20分钟，盛入围棋盒容器，置于棋盘上即可。

制作要点：1.所有原料必须新鲜，制作鱼泥过程中应缓慢加入冰水，蒸熟以后快速放入冰水保持颜色和提高弹性；

2.扫汤必须清澈透亮。

特点：形如永子、味道鲜美。

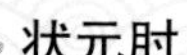

状元肘

主料：黑山羊前小腿2只约为1500克

辅料：白萝卜球10个、大葱细丝、红椒丝

调料：红汤（复合豆酱40克、番茄酱100克、鸡精3克、白糖5克、蚝油20克、陈皮15克、草果3个，八角3个、葱姜蒜适量），腌料（胡萝卜、西芹、洋葱胡椒等调理适量），白糖、芝麻油、花椒油。

制作方法：1.将羊腿汆水，下油锅略炸，下红汤炖粑备用；

2.取大小均匀的香菇、白萝卜球用清汤调味炖粑；

3.将葱、辣椒丝垫底，放上白汁萝卜球，羊腿交叉摆于盘中，浇上红汤浓汁，撒香葱花即可。

特点：羊腿软糯香绵、色泽红亮、萝卜清香味厚、亮如明珠。

保山·永昌府宴

红汁公孙丸

主料：猪五花肉末、老树白果

辅料：韭菜根、白菜叶12张、胡萝卜、木耳、虾肉、蛋清

调料：葱姜末、鸡精、白糖、鱼露、胡椒粉、料酒、鸡汤

制作方法：1.取大白菜绿叶汆水备用；

2.将五花肉末、虾肉末、木耳、胡萝卜碎、葱姜末调味制成肉馅；

3.用白菜叶包白果和肉馅成丸，上笼蒸熟；

4.兑咸鲜白汁浇在肉丸上即可。

特点：肉丸咸鲜香滑、白果翠绿。

主料：牛肉250克、牛皮300克
辅料：番茄100克、洋葱50克、藏红花30克、红曲米50克
调料：食盐10克、味粉15克、白糖20克
制作方法：1.牛皮小火熬制五小时，加入藏红花调色，颜色红亮，类似南红、琥珀的颜色，纱布过滤盛入容器，放冰箱冷藏成牛肉冻；
2.牛肉切大块，油锅煸香，加入洋葱块，番茄块，注入清水，加红曲米，调味，小火慢炖1.5小时至颜色红亮，肉质酥嫩收汁；
3.烧好的牛肉捡去番茄洋葱，收汁盛入大盘中间，牛肉冻切块装在周围稍做点缀即可。
制作要点：1.牛肉冻要熬制充分，胶质溢出才能保证牛肉冻的硬度；
2.牛肉冻用藏红花上色，烧制牛肉用红曲米上色，都要注意保证颜色红亮。
特点：形如南红、鲜嫩可口。

南红牛肉

棕米虾仁汇

主料：棕包500克

辅料：蜂蛹20克、鲜河虾30克、腾冲腊腌菜8克、胡萝卜40克

调料：食盐5克、味精3克、鸡粉5克、葱少许、干辣子段少许

制作方法：1.将棕包去皮，改为段，胡萝卜切丝；

2.把切好的棕包汆水捞出，用清水冲冷后备用；

3.将鲜河虾去皮后汆水备用，蜂蛹放入油锅炸香备用；

4.锅上火入油，下干椒、大蒜炒香后倒入备好的棕包、胡萝卜、河虾，大火翻炒，投入炸好的蜂蛹，调味装盘即可。

特点：苦中回甜、甜中带酸、鲜香、滋润可口。

佛手蛋

主料：去皮南瓜子500克

辅料：嫩豆腐30克

调料：食盐5克、白糖5克、菜籽油5克

制作方法：1.南瓜子泡1—2小时后洗净和豆腐榨成汁，用纱布沥去渣放盐、白糖、菜籽油搅拌均匀，倒入器皿里蒸30分钟；

2.蒸好的佛手蛋撒上干桂花，再入蒸箱蒸3分钟，让干桂花放香即可。

特点：鲜香可口、营养价值高、老少皆宜。

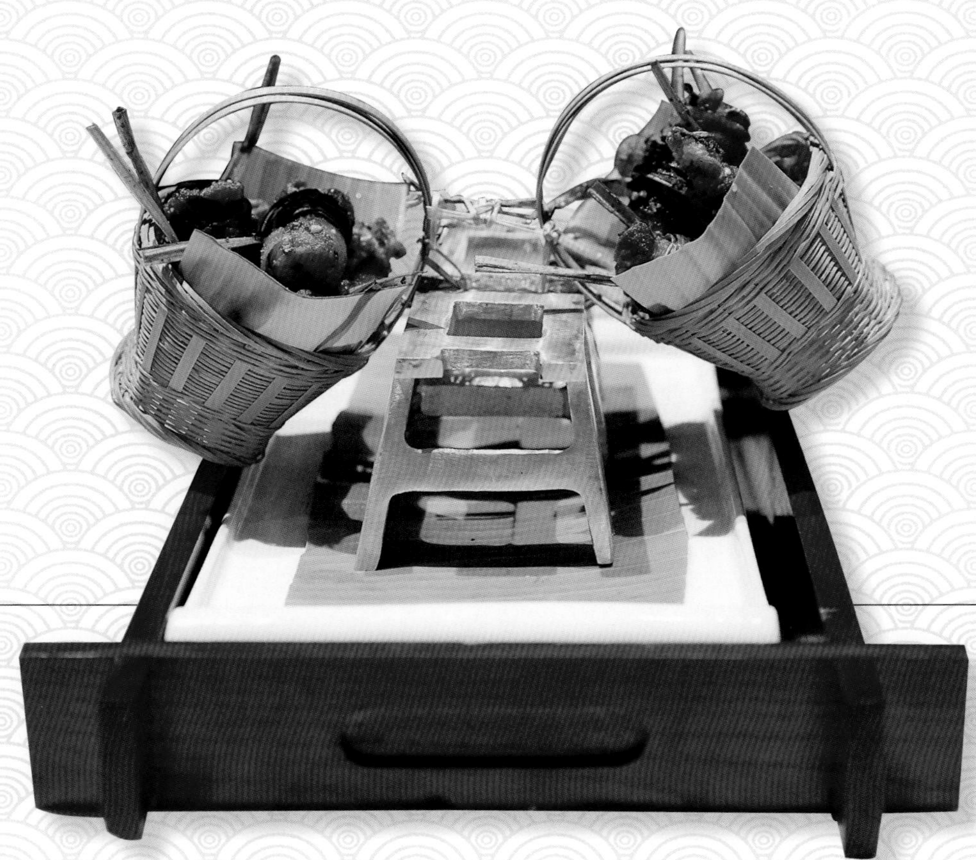

马帮下素

主料：三线五花肉500克、江鱼一条（500克左右）、茶树菇100克
辅料：香茅草50克、脆浆粉100克
调料：食盐10克、味精10克、小米辣5克、大芫荽5克、生粉20克、生抽10克
制作方法：1.江鱼去皮去骨，切条，加入大芫荽、小米辣、生抽调味腌制15分钟；
2.茶树菇切4厘米长的条；五花肉烧黄表皮，刮洗干净，加入葱姜，清水煮半小时，冷却后切15厘米长，4厘米宽的长条薄片，调味腌制10分钟后两面扑上生粉；
3.将切好的鱼肉条和茶树菇用处理好的五花肉卷起，中间用香茅草捆住，两端挂脆浆糊，下油锅炸至金黄色起锅，盛入专用的马帮容器即可。
制作要点：香茅草捆绑注意形状漂亮，捆绑结实，装盘用马鞍点缀，盘饰和菜品要相互呼应，融为一体，体现马帮文化元素。
特点：造型美观、香脆可口。

主料：荷包豆米500克

辅料：奶黄馅100克、糯米粉150克、白糖粉50克、菠菜500克、可可粉50克、生粉100克、猪油20克

制作方法：1.荷包豆米煮熟捣成泥，加入糯米粉，白糖粉，菠菜汁（用菠菜打成）和成面团（A）；

2.生粉加入可可粉，猪油，用沸水和成团（B）；

3.A面团包入奶黄馅，捏成绿豆型，用B团捏成豆芽子镶入绿豆上蒸熟即可。

特点：香甜软糯、老少皆宜。

永昌小绿豆

主料：细挂面250克

辅料：熟鸡纵15克、鲜花5克、鸡蛋丝25克

调料：蒟酱10克、葱10克、食盐5克、鸡粉5克、菜籽油20克

制作方法：1.面条放入沸水中煮七成熟捞起，滤水，用菜籽油搅拌均匀；

2.鸡蛋打碎放入油锅中煎成蛋皮，把蛋皮切成细丝；

3.把煮好的面条放入碗中，在面条上放上蒟酱、鲜花、鸡纵、鸡蛋丝、调料即可。

特点：形如鲜花、味道鲜美。

鲜花挂面配蒟酱

世纪布丁

主料：奶粉500克、鲜牛奶500毫升、三花蛋奶250毫升、椰浆250毫升

辅料：吉司粉30克、白糖150克、小粉200克、水50克

制作方法：1.将所有奶制品加水放入锅中烧开后，投入小粉水搅成糊状取出冷却；
2.将冷却后的布丁装盘；
3.放入煮好的西米，菠萝丁，加入酸枣红糖水、水果即成。

特点：香甜、糯、滑、如有初恋的感觉。

鲜石斛汁

主料：新鲜石斛

辅料：纯净水

调料：冰糖或蜂蜜

制作方法：1.将新鲜石斛洗净，剥去老皮，然后剪或切成2—3厘米的小段；
2.将剪好的石斛放入榨汁机内，加适量的纯净水；
3.启动榨汁机，时间设定为2—3分钟，这样可以充分将营养成分溢出。榨汁机停止工作后倒出并滤去渣滓，放入适量的冰糖或蜂蜜，口感更佳。

特点：颜色呈淡绿色，滋阴补虚，养血生津，口感极佳。

腾冲·『火山热海宴』

研发制作：腾冲近水阁、玉壁古道餐饮公司　尹兆国

腾冲·“火山热海宴”　菜单

开胃碟（3类9胃）

1.米凉粉（米醋）、豌豆粉（下村醋）、擦粉（梅子醋）

2.水豆豉、泉水泡雪笋、泉水泡山椒

3.韭芋根肉丸、淮山酥核桃、茴香蚕豆

凉　菜　　金银堆

红花茶油蛋黄时蔬

热　菜　　翡翠凤凰

火山热海

古道赶马肉

百合慈姑

平安全家福

缘木求鱼

琼浆土豆泥（即位）

马帮汉堡

红线姻缘

大救驾

面　点　　荞面饺子

主　食　　牛肉清汤饵丝（即位）

甜　品　　和顺头脑（即位）

水　果　　当季水果

酒　水　　克地佬泡酒（腾冲和顺）

胭脂红（腾冲和顺）

饮　品　　槟榔江水牛奶（热）

西番莲（冷）

茶　水　　人瑞红

山海盛筵，古道风流

主题创意

“火山热海宴”以腾冲地质奇观火山热海为题，旨在展示南方丝路上“极边第一城”腾冲独特的饮食文化。

火山热海宴以腾冲土锅子为中心，配之以具有地域特色的系列菜肴，形成众星拱月式的一席盛筵。因人们将腾冲土锅子形象地称为“火山热海”，所以这道宴席也就以主打菜命名为“火山热海宴”。

火山热海宴

腾冲是古代南方丝绸之路上的商贸名城和军事重镇，地处对外开放的前沿，历史上十八省商旅云集，东南亚各国客商络绎往来。千百年来，在腾冲荟萃并传承了诸多美食，形成了开放、包容的餐饮文化。腾冲名特餐饮是中原文化，外来文化及当地土著民族文化相融合的产物，具有丰富的历史文化内涵和突出的乡土地域特色。火山热海宴在腾冲系列餐饮中具有代表性。

主菜“火山热海”

主题菜“火山热海”以腾冲土锅子烹制，土锅子为腾越镇满邑社区下村小区张姓族人所烧制，是明代戍边屯垦先人祖传技艺，代代传袭，已有六百多年的历史。大旅行家徐霞客游历腾冲时曾经过此村，在游记中称该村为“土锅村”，“村皆烧土为锅者”。土锅子的烧制，取材特殊，工艺秘传，耐烧抗腐。土锅子烹制的菜肴，与铝、锑、铁等金属材质烹饪的食品，风味迥然有别。土锅子锅与灶连为一体，其烟囱位于锅之正中，形状酷似腾冲典型的截顶圆锥形火山。烹饪时，锅中鼎沸蒸腾，状如腾冲热海大滚锅。因此，这道美食被人们赋予腾冲奇山异水的诗意特征而命名为“火山热海”。观火山热海，品腾冲美食。似火的热忱，如水的温婉，寄托着红红火火，热情好客的美好愿景与殷殷情怀。

千百年来，土锅子在腾冲民间长盛不衰。一般在春秋祭祀、春节家宴才烹制。因制作工序复杂，烹制时间长，在隆重的场合才食用。现已逐步推广为大众餐饮。

土锅子汤料为骨头汤，菜肴有青菜、芋头、山药、胡萝卜、黄笋、黄花菜、排骨、肉丸、泡皮、蛋卷等。以芋头青菜为底，荤菜搭配分层叠加，最上层为蛋卷等荤菜。菜肴层次分明，分八层，代表腾冲八十多处温泉，煮一锅春色。烹制时，燃以木炭，以文火慢慢烹煮，让各种食材充分出味，并让各种味道相互影响，充分融合。土锅子的荤素搭配，以菜蔬为主，偏素淡，无麻、辣、酸、辛，而其味醇厚香润，其气清和甘芳。其烹制理念，源自儒家的“中和”“中庸”理念。食用时，配之于酸、辣蘸水，让顾客各取所需。如此，这道土锅子菜就变“众口难调”为“众口可调”，适合于不同口味的天下食客。

“火山热海宴”配菜

1.“缘木求鱼”

腾冲地区有一种极为特殊的“上树鱼”，每年春夏之交，这种鱼就溯流而上，凭借其吸盘爬到河边的树上产卵。此时，人们便可以上树捕鱼。这种鱼无绒刺，肉质细嫩鲜美。可烩可煮可炖可炸可蒸。是一道难得的佳肴。人们将这道菜命名为缘木求鱼，意为在腾冲没有实现不了的理想。此菜为腾冲老酱烩制。腾冲黑酱，为当地祖传工艺制作，风味独特，是腾冲非物质文化遗产。

2.“金银堆”

武氏大薄片为腾冲非物质文化遗产，是腾冲武氏祖传厨艺。以精细的刀工，将制熟的猪头肉斜削成大片状，厚薄均匀，其薄如纸。佐以豌豆粉及佐料，看似肥却不油腻，脆而稍有嚼劲。以白色的大薄片包裹金黄色的豌豆粉，做成节理状火山石形态，并堆垛起来，于是将这道菜命名为“金银堆”。腾冲古火山来凤山上有一石堆，名叫“金银堆”。以前腾冲人出国走夷方都要到那里祭拜，以求远行平安，抱财归家。关于“金银堆”，还有很多美丽的传说。

3.古道赶马肉

赶马肉是马帮文化的产物。是南方丝绸之路上为适应快节奏的赶马活动，走夷方马锅头的一大发明，这一厨艺也适应民间山地农事活动，至今仍在腾冲民间广泛传承。其做法为：将猪肚底肉带皮切成方块状，加葱、姜、蒜、辣椒、草果等，以武火快速炒焖而成。入口鲜香而有劲道。

4.“红线姻缘”

红线姻缘为素炒棕包。因气候土壤等因素，只有腾冲、龙陵的棕包可食，而腾冲棕包尤佳。棕包有清凉解毒、降血压血脂之功效，苦而回甘，是腾冲宴席不可或缺的一道菜肴。以前腾冲民间选女婿，首先看他是否爱吃棕包。此菜搭配着胡萝卜丝炒制，人们就形象地称这道菜为“红线姻缘”。李根源先生爱吃棕包，特意托人从老家腾冲带棕包到北京，招待冯玉祥，冯吃了一口说苦，李根源先生笑着回答：先苦后甜嘛。

5.翡翠凤凰

银杏是腾冲老祖宗从中原带过来的，至少有六百多年的历史。界头镇的银杏王，已有一千余年。银杏种植在火山地上，结出的果实，经化验，其药用功效比其他银杏要好得多。雪鸡是高黎贡山上特有的品种，经人工繁殖摆上餐桌。其药用功效类似乌骨鸡，而其肉口感更佳。以银杏炖制，滋补调理，强身健体。（题外音：《翡翠凤凰》同时也是在腾拍摄的一部电视剧剧名，《翡翠凤凰》根据云南本土作家潘灵的长篇小说《翡暖翠寒》改编，讲述了一个云南男人常敬斋为阻止国宝“翡翠凤凰”流落歹人手中和在抗日战争中的一段悲壮曲折的传奇故事。）

6.大救驾

腾冲饵丝是非物质文化保护遗产。因水土、米质及祖传工艺等因素，腾冲饵丝以腾越镇胡家湾制作的为最好，其柔软丝滑而带有韧性，香甜可口。制作工艺已有数年的历史。饵丝有多种产品，“大救驾”是饵丝系列的一道美食，又名“炒饵块”。是将饵丝卷块为片状，以鸡蛋、腊肉、蒜苗、番茄、香菇等快炒而成，滑润鲜香，众口咸宜。相传南明永历王朱由榔被清兵追击，逃往腾冲，到胡家湾时，饥饿难忍，疲惫不堪，急等进食。主人家等不得将饵块卷切成丝状做成饵丝，急中生智，便三刀两剁，热锅快炒，给这位皇帝爷进膳。永历王三扒两咽，觉得美味无比，连连称赞道：“此乃救了朕之大驾也”。从那以后，炒饵块又名大救驾，就这样叫了三百五十多年。

7.红花茶油蛋黄时蔬

腾冲是云南山茶的原生地，任何一种人工培育的山茶花，都可以在腾冲大地上找到其相对应的原始品种。红花茶油是最优质的植物油之一。也是保健、治病食疗油料，对心脑血管疾病、肠胃病，有特殊疗效。用以煎、炒、凉拌、炖制食物，风味独特。此菜把腾冲和顺特有的咸鸭蛋黄做成泥状，配上玉米、芦笋等蔬菜，淋上红花茶油，营养丰富，鲜美诱人。

8.平安全家福

平安全家福，是腾冲宴席不可或缺的一道菜肴，选用香菇、肉丸、泡皮、火腿、莴笋、胡萝卜等用鸡汤或骨头汤烩制而成。唯美且鲜，营养丰富，老少皆宜。

9.马帮汉堡

米饭团是腾冲人“走夷方”、行远路的产物。其做法是将米饭捏成团状，饭团中放有腊肉、猪鹅油、豆豉等食材烧制而成，便于携带。也是人们上山砍柴种地的便餐。这道食品以鹅肉、鹅油配制而成。饭团的糊香与鹅肉的醇香融合，吃来有香脆之感。并勾起出远门及乡野生活的遥远记忆。因其吃法像极西方汉堡，加之又是“走夷方”常备之物，故人们将这道菜命名为马帮汉堡。

10.琼浆土豆泥

米汤加腾冲特有的干腌菜、豆豉饼等佐料以文火熬制的土豆泥，味酸香独特，最是“妈妈的味道”。

11.百合慈姑

慈姑产自腾冲火山湿地，具有清热解毒、润肺、降压等功效，配以百合、肉末，适合中老年人食用。

12.荞面饺子

荞具有降血糖、高血脂，增强人体免疫力的作用，对糖尿病、高血压、高血脂、冠心病、中风等病人都有辅助治疗作用。而生长于腾冲明光高寒山区的苦荞，富含有大量的芸香甙（亦被称为VP或卢丁）和烟酸（维生素PP），是难得的养生佳品。

主食及面点、饮品

主食：牛肉清汤饵丝。以牛骨头汤配制而成。是腾冲回族同胞独树一帜的美食。油而不腻，清香滑爽，柔软润口。广受各民族食众青睐。

土锅子

甜品：和顺头脑

和顺头脑是腾冲非物质文化保护遗产，制作和顺头脑用油炸干糍粑片，油煎鸡蛋、鸡蛋丝、豆腐丝、火腿丝、加红糖甜白酒水配制而成，咸甜相宜、有色有味。是具有侨乡风味的特色小吃。一般在春节期间制作食用。俗话说：初二吃“头脑”，一年到头聪明伶俐，有头有脑。

饮品：1.酒水：胭脂红、克地老泡酒；

2.热饮：槟榔江水牛奶；

3.冷饮：西番莲汁；

4.茶水：人瑞红。

槟榔江奶水牛是一个独特的水牛品种，是目前发现的中国唯一的河流型水牛。槟榔江水牛实行自然放养，其奶质营养丰富，味道纯正。

“人瑞红”产自腾冲北部中缅边境的明光镇。茶园分布在海拔2000–2600米的群山之间，常年云雾缭绕，雨水充沛，土壤肥沃，是种植高品质乌龙茶的天成佳地。此茶以高山青心乌龙（软纸）鲜叶为料，引进滇红先进制茶工艺精制而成，条索肥壮、色泽乌润，汤色艳红、香高味浓，经久耐泡，常饮具有延年益寿之功效。

腾冲特色菜肴甚多。在具体操作中，可视情况随机作局部变更、调整。

火山热海宴主题鲜明，创意独特，设计新奇，形态各异，色彩纷呈，气象壮观，口感宜人。将一道菜做成一道风景，将整个宴席做成一幅组景，相互呼应，浑然天成。充分调动人们的视觉、味觉、嗅觉，启迪和牵动顾客的诗意想象。在这一席别开生面的特色餐饮中，让人们“观火山热海，品腾越文化”，进入天地人和的美好境界，尽情乐赏“万年火山热海、千年古道边关、百年翡翠商城、今日锦绣腾冲”的风采神韵。堪称一席味觉大餐、视觉大餐、山水大餐、文化大餐。

金堆银

主料：猪耳150克、腾冲豌豆粉300克
辅料：胡萝卜50克、黄瓜50克
调料：秘制蘸水
制作方法：1.猪耳朵飞水刮洗净，去腥煮半小时左右将煮熟猪耳冲水直至凉却；
2.猪耳朵片成纸张厚度的薄片，豌豆粉切成长3厘米正方体；
3.将胡萝卜、黄瓜切成细丝条状；
4.将豌豆粉有序放入餐具中垫底，然后将猪耳薄片卷入黄瓜、胡萝卜丝，逐层堆叠成小山状，蘸秘制蘸水食用。
操作要领：刀工处理要求较高。
特点：肥而不腻，口感爽脆，稍有嚼劲。

红花茶油蛋黄时蔬

主料：和顺咸蛋黄12个、红花油茶150克
辅料：玉米粒50克、芦笋150克、红椒30克
调料：食盐3克、糖1克
制作方法：1.鸭蛋去壳取出蛋清，将蛋黄放入蒸箱中蒸0.5小时；
2.芦笋取芽段5厘米，其余切成0.5厘米斜刀口状；红椒去籽切成斜刀口1厘米粒状；
3.把芦笋芽、芦笋粒、玉米粒、红椒粒氽水处理，然后冲水冷却，滤去水分，放置备用；
4.蛋黄捣碎，加入芦笋粒、玉米粒、红椒粒、红花茶油70克、食盐3克、糖1克，搅拌均匀；
5.用模具印出圆柱状装盘，配上70克红花茶油即可；
操作要领：蛋黄捣碎要均匀，茶油要选红花油茶。
特点：油而不腻，细腻浓郁。

翡翠凤凰

主料：高黎贡山去毛去内脏雪鸡1500克
辅料：银杏村糯白果150克
调料：食盐12克、草果2个、八角2个
制作方法：1.鸡洗净，白果去壳；
2.将鸡与白果仁放入炖锅中，注入清水，旺火烧沸，舀去浮沫，小火慢炖5小时以上加入食盐调味即可。
操作要领：炖鸡时间不低于5小时。
特点：滋补调理、强身健体。

古道赶马肉

主料：猪五花肉500克
辅料：土豆150克、青蒜苗50克、白芹50克
调料：食盐3克、辣椒面5克、干辣椒5个、姜籽5克、蒜籽5克、生抽5毫升、八角1个、草1个
制作方法：1.将五花肉切成长条状；青蒜苗、白芹切成5厘米段状；
2.五花肉氽水滤出，用生抽着色；
3.锅中置油，烧至五成热下入着色的五花肉，炸至金黄取出；
4.锅中倒入菜籽油，下干辣椒、草果、八角、姜籽、蒜籽炒香，放入五花肉翻炒1分钟左右，再下入辣椒面炒香，注入少许清水，调味，中火收汁到出油即起锅装盘。
操作要领：控制好火候，辣椒面不能糊，肉质嫩，成干香型。
特点：椒香漫溢，肥而不腻。

火山热海

主料：猪肉末320克、筒骨1500克、排骨500克、后腿肉250克、猪泡皮500克、青菜2000克、芋头500克

辅料：胡萝卜250克、豌豆米50克、葱段6根、干黄花菜100克、鸡蛋3个

调料：食盐25克、草果粉13克、八角粉7克

制作方法：1.用160克的细肉末加入2克食盐，2克草果面，加一个鸡蛋，搅拌均匀，捏成高5厘米的椭圆柱体，两端略尖，放入蒸箱蒸七分钟左右备用；

2.调2个鸡蛋，用平底锅煎成圆形薄饼状；

3.用160克的肉末加入2克食盐，草果面0.1克，搅拌均匀，用鸡蛋薄饼从两侧向中间包好，放入蒸箱中蒸熟，切成5—8厘米菱形；

4.将250克后腿肉切成肥瘦均匀片状，加1个鸡蛋，60克面粉，搅拌均匀，放入锅中炸成金黄色片；

5.黄笋250克，黄花菜250克用沸水氽透冲凉，放入炒锅中用猪油加草果面炒香；

6.将青菜，胡萝卜、芋头飞水备用；

7.筒骨、排骨飞水后，再放入10斤水，加入草果13克，八角7克，用小火炖1小时备用；

8.下入飞好水的青菜，芋头，胡萝卜煮15分钟左右，放入土锅子中；

9.将煮好的青菜，胡萝卜，芋头放入土锅子底1/3，接着放一层酥肉，黄笋，排骨，再放入一层青菜，胡萝卜，芋头；

10.再铺上用草果面搓过的泡皮，要整齐有序；

11.最上层放入蒸好的肉柱，菱形蛋卷，加入葱段，以及飞好水的绿豌豆米做点缀；

12.土锅子加炭慢煲1—2小时即可。

操作要领：装入土锅子要按顺序逐层摆放，慢煲时间不低于一小时。

特点：主题鲜明，创意独特。

百合慈姑

主料：慈姑、百合、火腿丁

辅料：细肉末、蛋清、生粉、食盐、味、糖

制作方法：1.将慈姑、百合洗净备用，慈姑切成片，飞水至熟，冲凉剁碎；

2.将火腿丁用猪油炒香；

3.将剁碎的慈姑、火腿丁、细肉末、蛋清、放入适量的生粉、盐、味、糖搅拌均匀，制成馅心；

4.将洗好的百合片，酿入慈姑馅心，合成球状盛盘中，放入蒸箱蒸7至8分钟取出、装饰入盘。

腾冲·“火山热海宴”

平安全家福

主料：猪排骨150克、青笋150克、胡萝卜150克、猪筋100克、鹌鹑蛋100克、蛋卷50克

辅料：泡皮50克、百合50克、香菇50克、虾饺10克、火腿片50克、鸡油150克

调料：食盐8克、味精3克、葱节10克、鸡油150克

制作方法：1.排骨汆水后置不锈钢锅中，注入适量清水烧沸、去浮沫，小火炖30分钟；

2.鹌鹑蛋蒸熟去壳；胡萝卜、青笋切条，香菇切块，猪筋改为3厘米段状；

3.泡皮、猪筋、胡萝卜、青笋、虾饺、百合、香菇汆水待用；

4.炒锅置火上，放入鸡油，下火腿片炒香，再放入香菇，炒香后倒入排骨汤，改用小火，放入猪皮、猪筋、虾饺炖30分钟；

5.起锅前放入青笋条，胡萝卜条，百合，蛋卷，葱节，烧开调味起锅装盘。

操作要领：以炖为主，控制好下料顺序。

特点：多种时蔬融合，色香味俱全。

主料：罗非鱼、糟辣子、腾冲本地老酱
辅料：小米辣、姜丝、蒜米、油、食盐、味、糖、葱花
制作方法：1.将罗非鱼洗净，改成3厘米的条，用清水冲干净，吸干水；
2.锅置火上，放入底油，将吸干水的鱼块放入锅中，煎至金黄；
3.锅中入油，将蒜米、姜丝炒黄，下入糟辣子炒香出色，再放入老酱、注入适量水，调味，将渣捞出，下入鱼块，小火烧制入味；
4.将菜品放入容器中，收汁，撒上葱花。

缘木求鱼

腾冲·“火山热海宴”

琼浆土豆泥（即位）

主料：米汤、黄心土豆
辅料：豆豉饼
调料：本地干腌菜
制作方法：1.将腊鹅及豆豉饼切成小丁；
2.土豆放入蒸箱中蒸熟，取出去皮捣碎成泥状；
3.锅中下入猪油，将豆豉饼炒香，然后下腊鹅丁、干腌菜炒香，再放入土豆泥和米汤，搅拌成一体，待有一定黏稠度起锅放入餐具中；
4.撒入坚果粒及芦笋粒即可。
操作要领：注意火候，及搅拌速度。

马帮汉堡

主料：腊鹅500克、红米500克
辅料：树番茄80克、青红椒160克、苏豆腐150克
调料：草果面20克、食盐10克
制作方法：1.腊鹅去骨，切成大小均匀薄片；
2.将米淘洗净后放入蒸箱中，蒸30分钟左右取出放入盘中，加草果面10克，食盐5克拌匀，用木棒舂，直至有一定黏性，用手捏成1.5厘米厚、4厘米直径的圆柱形；
3.青红椒、树番茄用火烤，去皮，青红椒切成长条状，树番茄剁成糊状，然后将青红椒条与树番茄搅拌均匀；
4.腊鹅用沸水氽透滤出，然后放入油锅中翻炒至香脆，起锅倒入盘中；
5.将树番茄拌烧椒，草果面，食盐，苏豆腐分别放入指定餐具中；
6.饭团烧好后侧堆放入餐具中即可。
操作要领：蒸熟的红米加入调料时要拌均匀，舂的时候力道要把控好，腊鹅不能炸得太干。
特点：煳香与醇香融合，吃来有香脆之感。

主料：腾冲棕包400克
辅料：胡萝卜150克、红干椒丝1克
调料：花椒粒10粒、腾冲腊腌菜50克
制作方法：1.将棕包、胡萝卜切成头发长丝状、棕包米单独留出；
2.锅中注入少量清水烧开，放入棕包、胡萝卜丝汆水捞出；
3.将棕包、胡萝卜放入拌盘中，放入花椒粒、食盐、生抽调味，拌匀装盘即可。
操作要领：刀工处理要求较高。
特点：苦而回甘，清凉降脂。

红线姻缘

大救驾

主料：饵块300克

辅料：鸡蛋1个、火腿25克、番茄50克、香菇5克、菠菜5克

调料：葱5克、腾冲糟辣子10克

制作方法：1.饵块切成菱形片，番茄切丁，香菇切片；

2.锅中置油，将鸡蛋调均放入锅中煎好，火腿炒熟备用；

3.锅中注入少量清水，烧开放入饵块、香菇，润透捞出备用；

4.锅中入油，下糟辣子、番茄炒香，放入饵块、香菇，注入老抽调色，生抽调味，用中火煸香，放入鸡蛋、菠菜，大火翻炒15秒即起锅装盘。

操作要领：控制好火候，干煸时饵块不能煸得太干。

荞面饺子

主料：腾冲本地荞面

辅料：豆干、干香菇、猪油、食盐、味、糖、绿色蔬菜

制作方法：1.将荞面用水发开，扞成皮备用；

2.将豆干、干香菇切碎，下入猪油炒香备用；

3.用扞好的皮，包上馅（放入绿色蔬菜）；

4.放入蒸箱蒸6到7分钟即可。

主料：牛肉、饵丝

辅料：牛骨

调料：葱花、芫荽、姜末、蒜末、花椒面、小米辣、腾冲腊腌菜、秘制胡辣椒面

制作方法：1.牛肉切成小丁状，将牛肉、牛骨氽水直至无血色捞出；饵丝绕成卷状，料碟中加入葱花、芫荽、姜末、蒜末、花椒面、小米辣、腾冲腊腌菜、食盐；

2.锅中下菜籽油，放入草果、八角、花椒粒炒香，下入牛肉，炒至干香，放入红糖及适量清水，倒入煲炉中，小火炖5小时以上；

3.锅中放水烧开，下饵丝卷烫熟捞出，加入牛肉汤及炖好的牛肉即可。

操作要领：牛肉要小火慢炖，饵丝不能煮太久。

特点：清香四溢，回味特色。

清汤牛肉饵丝

和顺头脑

主料：糍粑角、鹌鹑蛋、火腿丝、乳扇
辅料：本地甜白酒
调料：红糖水
制作方法：1.先将鹌鹑蛋煎成荷包蛋状，火腿丝、糍粑角、乳扇用油炒熟，放入碗中；
2.锅中下入猪油，注入适量清水烧开，放入甜白酒、红糖水烧开；
3.锅中加入少量玫瑰露酒，烧开后浇入碗中即可。
操作要领：碗中的料需要有序做好，汤料烧开时间不宜过长。
特点：咸甜相宜、有色有味。

简介：槟榔江水牛是一个独特的水牛品种，是目前发现的中国唯一的河流型水牛，实行自然放养。槟榔江水牛奶是一种营养丰富、易消化、吸收率高的优质奶，其气味芳香、色泽白而清爽，富含乳蛋白、乳脂、铁、钙、锌、氨基酸、维生素、微量元素等人体需要的多种营养成分。其含蛋白质为黑白花牛奶的2至3倍、乳脂是黑白花牛奶的12倍，含钙量为黑白花牛奶的1.29倍，以上物质对促进人脑细胞发育、促进骨骼生长，调整血气，养颜美容及抗衰老具有明显的作用，是老少皆宜的营养饮品。
主料：槟榔江水牛原乳
制作方法：将水牛乳放入锅中煮沸4-5分钟即可。
操作要领：加热时间不宜过长。
特点：柔嫩、鲜甜。

腾冲·“火山热海宴”

槟榔江水牛奶

克地佬泡酒

胭脂红果酒

西番莲汁

人瑞红红茶

弥渡·『小河淌水』宴

研发制作：艾维餐饮公司　石康林

弥渡·“小河淌水”宴　菜单

味　碟	吹肝豆豉 弥渡香肠 油炸河鲜 糊辣牛舌 弥渡酸菜 玫瑰桃仁 苴力肝生 木瓜乳扇
看　盘	西河烟柳（冷拼） 天桥挂月（冷拼） 古洞花鱼（冻鱼）
头　汤	珍珠泉湧（清鸡汤、珍珠鱼丸、松茸）
热　菜	东谷牛扒（位） 南山飘香——红烧山猪肉 青螺环翠——时蔬锦（大芋头、荷包豆、薏仁、小雀豆、翡翠杆） 文笔添砚——芝麻菜卷 山珍荷韵——羊肚菌、莲藕、猪肉末 乳球添香——乳饼球、苏子 金殿窝——火麻仁芙蓉蛋 五仁荟萃——小炒肉
主　食	焖肉饵丝
咸　点	三元开泰（葱油饼、胡麻汤圆、茴香粑粑）
甜　点	麻仁蛋糕

弥渡·“小河淌水”宴

弥渡历史积淀深厚，是我国人类发祥地之一，唐南诏王国腹心之地。昔人有诗云“六诏咽喉地，群峦割据雄，彩云通汉史，铁柱启南蒙”。

弥渡文化资源丰富，是东方小夜曲《小河淌水》的故乡。大自然的伟力创造了弥渡神奇的秀美的山水，优美的山水孕育了悠久的历史和灿烂的文化。这里每一寸土壤都荡漾着淳朴的田园气息，发达的文化既是历史的厚赐，又是弥渡的骄傲。这样柔情似水的乐土，令四方来客惊艳，有“到了弥渡不想媳妇”的感慨。媳妇代表的是“家”，山川育美，风月沐情的弥渡，让人流连忘返、乐不思蜀，到了弥渡，不想回家！

滋生于弥渡这片神秘人文土壤的《小河淌水》，以超然地域环境的人性追求之美，感动了每一个人。歌中情，情中诗，被世界不同地区、不同民族、不同肤色的民众所喜爱，被西方音乐界誉为"东方小夜曲"，弥渡人用《小河淌水》抒发心中长久的期冀，美好的追求。

“小河淌水宴”以弥渡饮食文化为基础，以当地物产为资源整合，从民间流传的菜品中取其精华，与时俱进，结合现代烹饪方法和新的食材进行研发创新。

八味碟

吹肝豆豉　　弥渡香肠　　油炸河鲜　　糊辣牛舌

弥渡酸菜　　玫瑰桃仁　　苴力肝生　　木瓜乳扇

风肝是弥渡县特有的一道传统美食，又称“弥渡吹肝”，素以色鲜味美、食法多样、易于贮存而深受当地各族人民的喜爱；

“弥渡酸腌菜，云南人最爱。”弥渡腌菜色鲜、酸香，特别受广大消费者的欢迎和青睐，是家庭常备的酸菜之一。

弥渡有2000多亩可食用玫瑰，花青素含量较高；弥渡还建成64万亩优质泡核桃，“优势互补”，是为“玫瑰桃仁”；

“肝生”是弥渡苴力最常见的小菜。弥渡的肝生颇像西双版纳的“柠檬撒”，又有点大理“生皮”的味道，清爽开胃，越吃越爱吃，是米饭的绝配。

弥渡的乳扇是用鲜牛奶煮沸混合三比一的食用酸炼制凝结，制为薄片，缠绕于细竿上晾干而成，是一种特形干酪，可做各种菜肴。

看　盘

西河烟柳——冷拼

“西河烟柳”为弥渡十景之一。清同治元年（1862年）弥渡人尹篨怡进京赶考后授翰林院编修，入弘德殿教授少不更事的同治皇帝，是为云南籍帝师。光绪二年（1876年），尹篨怡回到故乡弥渡，在弥渡天渡桥廊柱上，尹篨怡撰联：“两岸柳映千峰雨，一堤桃花万树霞。”以弥渡八景中的西河烟柳和桃花古渡入联，烟柳带雨，桃花如霞，家乡如画。

天桥挂月——冷拼

弥渡民间腌制卷蹄起源于明朝，具有“500年吃法不变”的美誉。传说清咸丰末年，弥城的尹翰林曾带卷蹄进京赶考，扬开了其名其味，被列为宫廷名菜。卷蹄的出现，蕴涵着弥渡山好水好、土地肥沃的灵气。

古洞花鱼（冻鱼）

取当地花鲢鱼肉制作鱼冻，其头、尾、背则用来熬汤，成品如同一尾锦鲤，造型生动鲜活。其头、背之黑、红色均为鱼子酱，绝无色素。此菜集酸、甜、鲜、咸、辣五味于一体，可谓五味调和的和谐菜。

头 汤

珍珠泉涌（清鸡汤、珍珠鱼丸、松茸）

弥渡珍珠泉深约 3 米，因水质清纯和四季水流而闻名，泉内经常冒泡，一串串犹如珍珠，有“贵人到、珍珠冒”之说。此菜汤清味美，松茸恰似珍珠泉的游鱼，形象贴切。

热 菜

东谷牛扒（位）

“东谷梨花”在弥渡十大胜景中位居第一。此菜取其“东谷”之名，系用当地品质较好的牛肉，油脂含量少，肉质鲜嫩，用西餐手法烹制。吃牛扒讲究火候，而并非享受酥烂口感，这也是在西餐中炖牛肉和煎牛扒的区别。上桌后，享用牛扒的速度可以决定牛扒是否好吃。

南山飘香——红烧山猪肉

“南山温泉”是弥渡十大胜景之一。红烧肉又叫东坡肉，堪称中华美食中的一道经典名菜，最受大众喜爱。弥渡饲养的山猪肉脂肪酸中的亚油酸含量为家猪肉的2.5倍，是高营养、无公害的绿色食品。炖煮时香味扑鼻，口感好，质筋道，有弹性，肉鲜甜，肥而不腻，美味不可言状。

青螺环翠（大芋头、荷包豆、薏仁、小雀豆、翡翠秆等时蔬）

弥渡大芋头栽培历史迄今已有300多年，久负盛名，有“芋大如瓜，水涨就炽，香腻可口，营养最佳”的美称。据清道光年《赵州志》记载，弥渡举人李春葵曾赋诗赞大芋头曰：“秋风秋柳逐堤斜，香露初开野菊花。村妇结群朝上市，提篮紫芋大如瓜”。生动地描写了初秋时节紫芋上市，农妇群集买卖兴隆的情景。

文笔舔砚——芝麻菜卷

文笔塔是弥渡文气文脉的象征。由于回龙山下有一泓池水碧波荡漾，清澈见底，每当天清月明之时，塔影倒映池中，文人雅士即美其名曰“文笔舔砚”，并将其列为弥渡十景之一。芝麻作为食疗品，所含有的维生素E居植物性食品之首，有益肝、补肾、养血、润燥、乌发、美容作用，是极佳的保健美容食品。

白国金殿窝——火麻仁芙蓉蛋

弥渡“金殿窝”遗址为云南省第六批文物保护单位，是研究白子国、南诏国历史的重要遗存。鸡蛋是较理想的优质蛋白质，最营养的烹调方式是蒸或煮。此菜用掏空的西红柿做“窝”盛放鸡蛋蒸制，面上浇青汁，红、黄、绿相间，营养全面，口感滑嫩。

乳球添香——乳饼球、苏子

乳饼用山羊奶制成，烹饪后乳香味纯，油润光滑，细腻爽口；苏子又称紫苏，紫苏在中国种植约有2000年历史，在中国人的饮食中很常见，明代李时珍曾记载："紫苏嫩时有叶，和蔬茹之，或盐及梅卤作菹食甚香，夏月作熟汤饮之"。

山珍荷韵——羊肚菌、莲藕、猪肉末

羊肚菌是一种珍稀食用菌，有“素中之荤”的美称。羊肚菌既是宴席上的珍品，又是久负盛名的食补良品，营养相当丰富，民间有“年年吃羊肚、八十照样满山走”之说；“出污泥而不染”的莲藕微甜而脆，是常用餐菜之一，藕也是具有药用价值的植物。

弥渡酸菜小炒肉

弥渡腌菜色鲜、酸香，是最有特色的当地小菜之一；小炒肉是一道常见的特色传统名菜，二者结合，微辣鲜香，口味滑嫩，佐餐佳肴。

主食：焖肉饵丝

弥渡饵丝是当地人喜爱的一道不起眼的小吃，是出了弥渡就吃不到的味道，弥渡饵丝是弥渡人乡愁的象征物。

咸点：三元开泰（葱油饼、胡麻汤圆、茴香粑粑）

“元”为始、开端的意思，“开泰”意为开始平安顺利、通畅。此菜寓意弥渡“美食之旅”平安顺利、通畅。

甜点：麻仁蛋糕

火麻仁能调节脂肪代谢，提供膳食纤维，诸家本草都认为火麻仁能润肠通便而兼有补养作用。

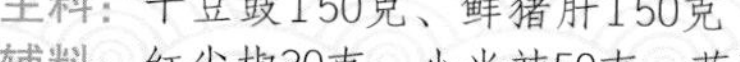

风干豆豉

主料：干豆豉150克、鲜猪肝150克

辅料：红尖椒30克、小米辣50克、蒜泥40克

调料：食盐3克、味精2克、大豆油150克、鸡粉2克

制作方法：1.卤猪肝，将准备好的猪肝放入姜片、葱段焯水洗净备用；

2.将焯好水的猪肝放入锅中，加入葱、姜、桂皮、花椒、香叶、八角、干椒，料酒、生抽、老抽、鸡精、盐、十三香文火煮开，去沫，转小火煮30分钟即可；

3.猪肝切片，锅下油，放入蒜末、红小米辣、干豆豉碎煸香，入盐、芝麻油、鸡油、炒香装盘即可。

弥渡香肠

主料：香肠200克

辅料：香菜20克、莲白10克

制作方法：1.选取弥渡上好的本地香肠；

2.将香肠整根蒸熟切片即可。

油炸河鲜

主料：小马鱼200克

辅料：红辣椒100克、小米辣80克、蒜仔70克

调料：食盐3克、大豆油150克、味精2克、生抽5克

制作方法：1.选择大小均匀的小马鱼，洗净，加入盐、葱、姜水腌制备用；

2.锅下油，将小鱼炸至酥脆；

3.锅入油，放入小米辣、蒜末、红美人椒丁煸香，投入小马鱼，调入盐、味精、生抽、陈醋，小火煸香即可。

糊辣牛舌

主料：鲜牛舌300克

辅料：草果3克、八角3克、砂姜2克、桂皮2克、香茅草2克、香菜5克

调料：食盐2克、味精3克、鸡汁5克、胡辣子3克、蒜末3克、甜酱油3克、辣鲜露2克、生抽2克

制作方法：1.牛舌洗净，放入卤水卤至成熟切片待用；

2.牛舌片加入花椒油、胡椒粉、蒜末、红油、香菜、盐、味精、白糖拌匀即可。

弥渡酸菜

主料：小苦菜150克

辅料：小米辣8克

调料：食盐2克、白醋10克、胡辣子5克

制作方法：1.小苦菜洗净切成2厘米长的段，加盐、白糖、白酒一起揉出白沫；放入无油器皿发酵一周；

2.将腌好的酸菜，加入香菜、小米辣、盐、味精、糊辣椒拌匀即可。

玫瑰桃仁

主料：鲜桃仁200克

调料：蓝莓酱30克、玫瑰酱15克

制作方法：1.选冰鲜（新鲜）桃仁洗净沥水；

2.将桃仁调入蓝莓酱、玫瑰酱拌匀即可。

主料：青木瓜100克、乳扇80克
辅料：香菜20克、小米辣10克
调料：食盐3克、味精2克、白糖3克、白醋5克
制作方法：1.将乳扇切丝待用；
2.选生的水果木瓜切细丝备用；
3.木瓜丝加入小米辣末、盐、味精、白糖、柠檬水、橄榄油拌匀装盘，撒上乳扇丝即可。

木瓜乳扇丝

主料：猪肝、猪皮、猪小里肉、包包菜(卷心菜)、胡萝卜、粉丝。
制作方法：1.将新鲜猪肝、洗净的猪皮在锅里煮熟，晾凉后猪皮切成细条状，将两料在油锅里炸至表皮金黄后捞出，炸熟的猪肝切成细丝状，猪皮起锅后加入适量食醋拌匀；
2.用勺子将猪小里肉刮成肉末，加入少量食盐、辣椒粉及食醋拌匀；
3.把洗净的包包菜、新鲜胡萝卜切成细丝，加入食盐拌匀腌制；粉丝用冷水浸泡，待粉丝发软后捞出；
4.将上述备好的主料混合，加入洗净切碎后的葱、芫荽、姜、蒜泥，取适量老陈醋、味精、酱油、草果粉、花椒粉、食盐、油辣子等调味品充分拌匀食用。

苴力肝生

西河烟柳

主料：黑椒牛肉150克、净鲜桂鱼肉150克

主料：鸡蛋10克、胡萝卜100克、青笋100克、黄瓜100克

调料：食盐5克、味精2克、白糖5克、白醋10克

制作方法：1.鸡蛋打开，分开黄白，调匀；小火蒸40分钟出锅待用；

2.桂鱼改刀、去骨打成鱼胶，将鱼肉均匀地在鸡蛋皮上抹涂上一层，卷起蒸熟待用；

3.胡萝卜、蛋白糕改刀成水滴片待用；

4.小黄瓜雕成竹子和柳枝待用；

5.最后将所有成型的料片均匀摆于盘中，摆出假山倾斜的形状，再放上竹子和柳枝即可。

主料：南瓜600克、胡萝卜600克、土鸡蛋10个、小黄瓜150克、火腿肠800克、青笋300克、卷蹄200克、鸡蛋干1袋

调料：食盐3克、味精2克、白醋10克、白糖5克

制作方法：1.用胡萝卜一根雕成铁柱形状，用南瓜雕成一座小桥，分别放入沸水中氽透捞出，再放入凉开水中泡凉滤出；

2.将胡萝卜（氽过）、鸭胸肉、蛋白糕、蛋黄糕、切成水滴状备用；

3.选用22寸圆盘，摆上切好的水滴片成假山状，放上铁柱、小桥即可。

天桥挂月

主料：猪皮500克、鸡蛋400克、罗非鱼1000克、胡萝卜100克、青笋150克、黑松露80克、卤牛肉100克、桂鱼200克、小黄瓜80克、白鸡爪500克

辅料：小米辣18克、酸木瓜250克、鱼子酱

调料：食盐20克、味精10克、鸡汁10克、白糖10克、白醋5克

制作方法：1.将白鸡爪、猪肉皮、鱼肉盛入不锈钢锅中，加入酸木瓜、盐、味精、清水，上大火煮开，小火熬至鸡爪、肉皮扒烂后捞出，留汁待用；

2.蛋黄、蛋清分别加入鸡汁、汤汁打匀待用；

3.鱼子酱加入汤汁待用；

4.桂鱼加入底味蒸熟去皮、去骨，留肉待用；

5.选鱼模具，加入吊好的汤汁少许，再把鱼子酱、鱼肉放入模具中，在鱼尾处加入调好的蛋黄；鱼鳍处加入蛋白，倒入调好的汤汁冷藏成型；

6.用圆盘，摆放胡萝卜、蛋白糕（水滴片），鸭脯肉，摆成假山状，放入冷却好的冻鱼，装饰即可。

古洞花鱼

主料：清鸡汤180克
辅料：娃娃菜10克、京白菜1克、鱼丸8克、松茸干片0.03克（片）
调料：食盐2克、鸡粉3克、鸡汁5克
制作方法：1.鱼去鳞洗净去皮，切成小正方形冲水2—3小时备用；
2.葱白、姜洗净打成葱姜水，过滤留水备用；
3.冲好水的鱼肉滤水后放入料理机内，加冰块，葱姜水打成鱼泥备用；
4.鱼泥过密漏，以去除鱼骨及杂质；
5.把过滤后的鱼泥调味，手打至上劲；准备一锅清水烧开，将鱼泥搓成圆球放入60°温水中养至成熟；
6.选上好的土鸡洗净砍小，焯水，洗净备用；
7.土鸡加入葱姜用小火煲6个小时，用纱布过滤，留汤备用；
8.将京白菜、娃娃菜洗净；
9.将京白菜去叶只留心（菜胆），娃娃菜去头切尾中间切成4厘米长备用；
10.将改好刀的京白菜、娃娃菜焯水备用（不能沾油）；
11.将熬制好的鸡汤调味，注入汤盅内，将焯过水的京白菜、娃娃菜放入汤盅，进蒸箱蒸2小时；
12.在蒸好的汤盅内放入2颗鱼丸、2片干松茸再次蒸3分钟即可上桌。

珍珠鱼丸汤

东谷牛扒

主料：APP小牛排200克

辅料：蒜10克、姜3克、绿小米辣5克、红小米辣5克

调料：薄荷酱10克、生抽2克、芥末2克、橄榄油5克

制作方法：1.选取APP小牛排（或根据当地实际情况决定）改刀切成块，放入鸡粉、味精、鸡汁、生粉、蛋清、一品鲜腌制备用；

2.平底锅下入牛排，煎至金黄，下入薄荷叶、辣椒丝、葱段、姜片、蒜片、干葱头炒香即可装盘。

南山飘香——红烧山猪肉

主料：带皮三线猪肉500克

辅料：京白菜150克、冬菜100克、苤蓝100克、小米辣10克

调料：冰糖30克、花雕酒20克、食盐6克、老抽5克、生粉10克、大豆油5克

制作方法：1.选取肥瘦均匀的带皮五花肉，改成长3厘米、宽1厘米的长方形焯水备用，锅下油，加入冰糖炒出糖色，加入姜片、葱段，干小米辣，下入五花肉炒制，调味（盐、糖、糊辣椒粉），炒至成熟上色备用；

2.京白菜去叶切成丝，苤蓝切丝，将冬菜、京白菜、苤蓝下锅炒熟装盘垫底，将烧好的红烧肉均匀铺在上面，浇上葱油即可。

文笔添砚

主料：芝麻菜500克、后腿肉末100克

辅料：大白菜100克、大葱15克、红椒10克

调料：食盐5克、鸡粉3克、豉油15克

制作方法：1.将猪肉末盛碗内，加入味精、鸡粉、鸡汁、盐拌匀；芝麻菜剁碎加入肉末中拌匀备用；

2.大白菜去根留叶，焯水放凉备用；

3.用焯好水的白菜叶包住拌好的肉末，分别卷成春卷形状，放入蒸箱蒸熟即可。

主料：毛芋头150克、薏仁米250克、野米100克

辅料：小苦菜100克、小雀豆100克

调料：食盐8克、鸡粉5克、鸡汁10克、白糖5克、胡椒粉3克、鸡油20克

制作方法：1.将薏米、毛芋头、小雀豆、野米蒸熟备用；

2.用高汤加入面粉勾芡（调入盐、鸡粉、鸡汁、胡椒粉）备用；

3.将调好芡的高汤放入石锅中，加入蒸熟的薏米、毛芋头、小雀豆、野米，撒上小苦菜丁即可。

青螺环翠

主料：莲藕100克、后腿肉末100克、芦笋200克

辅料：羊肚菌0.5克、小葱5克、姜3克、蒜3克、干葱头3克

调料：食盐2克、鸡粉2克、鸡汁3克、白糖1克、生粉3克、葱油5克

制作方法：1.莲藕洗净，将其切成宽2厘米、长3厘米的长方形备用；

2.将猪后腿肉肉末盛碗内，放入鸡粉、鸡汁、白糖、蛋清、生粉腌制后并打至上劲；

3.芦笋洗净，切成1.5厘米长备用（焯水）；

4.将肉末均匀地抹在莲藕的一面，用平底锅煎至两面金黄备用；

5.锅下油，放入炒料（小葱段、姜片、蒜片、干葱头）煸香投入芦笋、羊肚菌、莲藕，调入鸡粉、鸡汁、白糖，炒香勾芡装盘即可。

山珍荷韵

乳球添香

主料：乳饼300克、苏子50克

调料：白糖20克、精炼油50克

制作方法：1.选取上好的整块乳饼，用刀面踏成泥，用手搓成汤圆大小的圆球，下油锅，将乳饼球炸至金黄备用；

2.锅下油，下入白糖炒化，放入炸好的乳饼球，洒上苏子（苏子烤香打碎），装盘即可。

火麻子芙蓉蛋

主料：番茄150克

辅料：鸡蛋1个、火麻子仁5克、豌豆米100克、南瓜子5克、牛奶1盒

调料：食盐2克、鸡粉6克、橄榄油10克

制作方法：1.取脱壳火麻子仁、加入橄榄油榨汁备用；

2.鸡蛋打散，加入火麻子汁拌匀，装入餐具内，放入蒸箱蒸熟后浇上豌豆泥（青豌豆煮熟，加入橄榄油打成泥，调入盐、鸡粉、白糖）即可。

主料：后腿肉250克、腌菜150克
辅料：姜5克
调料：生抽10克、老抽3克、味精2克、鸡精5克、猪油50克
制作方法：1.选去皮后腿肉切片腌制（加入鸡粉、鸡汁、生粉、胡椒粉、食用油）备用；
2.锅下油，放入辣椒段、姜片、葱段炒香，加入肉片，弥渡酸菜，调入鸡粉、生抽、胡椒粉、老抽炒香即可装盘。

弥渡酸菜小炒肉

主料：饵丝30克、去皮前腿猪肉100克
辅料：香菜5克、小葱5克、韭菜10克
调料：食盐2克、鸡精3克、鸡汁3克、生抽5克、胡椒2克、猪油5克
制作方法：1.将肉洗净，加入葱姜、草果煮至半成熟，捞出放凉切丁（1厘米左右）；
2.肉丁加入少许油盐煸炒，炒至肉丁吐油干香，再加入剁细的豆瓣酱、蒜末、姜末翻炒至香，放入胡椒粉、草果粉、八角粉调色调味，注入适量清水，小火收干水分；
3.猪筒骨焯水洗净加水熬制成高汤；
4.锅上火加入高汤，放入饵丝，调入盐、胡椒粉、鸡粉、生抽，下入豆尖，韭菜煮沸，装入碗中，放入肉丁、油辣椒、葱花即可。

焖肉饵丝

主料：汤圆500克、面粉200克、土豆200克
辅料：苏子50克、火腿100克、茴香50克、生粉20克、小葱100克
调料：食盐5克、味精5克
制作方法：1.苏子汤圆：①苏子洗净沥水，烤香打碎备用；②红糖切碎拌入苏子；③汤圆蒸熟沥水，裹上苏子即可。
2.茴香粑粑：①茴香洗净切碎备用；②火腿蒸熟切粒；③洋芋蒸熟去皮捣成泥，放盐、味精、鸡粉、生粉、火腿、茴香拌匀，分别分成30克一个，搓圆按平；④放入油锅中炸成金黄捞出。
3.葱油饼：①小葱洗净切成葱花；②火腿切粒备用；③面用开水烫成雪花面，放入搅拌机打上劲，加油拌匀；分别分成30克一个，用擀面杖擀开，撒上火腿、葱花卷起摊平；④平底锅放油，下饼煎至双面金黄。

三元开泰

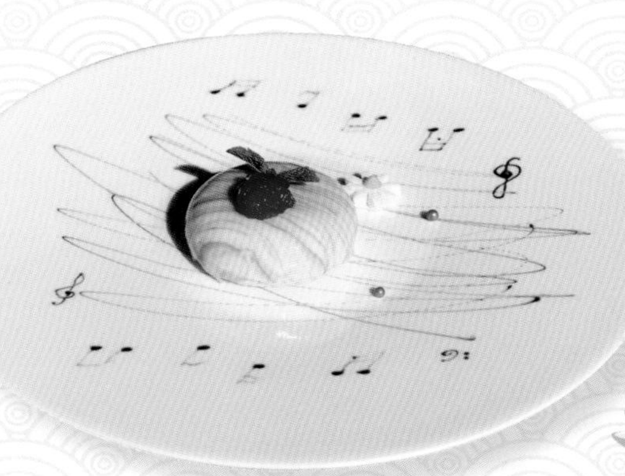

弥渡·“小河淌水”宴

火麻仁慕斯蛋糕

主料：牛奶175克、乳酪100克、淡奶油350克
辅料：白糖100克、芒果果茸240克
调料：吉利丁片10克
制作方法：1.芒果夹心：芒果果茸加糖煮开，加入吉利丁片拌匀，倒入模具冷冻备用；
2.火麻仁慕斯：麻仁烤香；吉利丁片用冰水泡软。淡奶油打发；牛奶加糖煮开，放入火麻仁、奶油、芝士、丁片，煮开过滤。火麻仁慕斯装入裱花袋，挤入模具三分之一，芒果夹心，再挤一层慕斯，最后放一层海绵蛋糕；
3.放入冰箱冻硬取出，喷砂，装盘即可。

弥渡·豆腐宴

研发制作：城市花园餐饮公司　杨柏林

弥渡·豆腐宴　菜单

六味碟　弥渡酸菜
彩椒银丝
蜜糖山楂
口味吹肝
老坛萝卜
烧椒卤豆腐

头　盘　七彩弥渡（每人每）
（当地果蔬、柑橘酱）

头　汤　山珍三色豆腐（每人每）

冷　菜　弥渡素鸡
烧肉豆粉
腐皮千层
甜酱冷片

热　菜　什锦豆腐锅子
酸汤酥肉菜豆花
碳烤麻仁豆腐
糊辣豆花鱼
小炒腊味香干
春和豆腐
双味绣球豆腐

下酒菜　黄粉皮
炸豆干

素　菜　当地特色时蔬

主　食　豆花米线（每人每）

美　点　杂粮三丁包（笋丁、香菇丁、豆腐丁）
焦糖豆花（每人每）

弥渡·豆腐宴

豆腐是我国西汉淮南王刘安发明的，经过漫长的历史发展，直到宋代，豆腐方成为重要的食品。南宋诗人陆游记载苏东坡喜欢吃蜜饯豆腐面筋；吴自牧《梦粱录》记载，京城临安的酒铺卖豆腐脑和煎豆腐。2000多年来，随着中外文化的交流，豆腐不但走遍全国，而且走向世界，它就像中国的茶叶、瓷器、丝绸一样享誉世界，深受我国人民及世界人民的喜爱。20世纪80年代，美国著名的《经济展望》杂志曾宣称："未来10年，最成功、最有市场潜力的并非是汽车、电视机或电子产品，而是中国的豆腐。"

《小河淌水》之源——弥渡县密祉镇，文化底蕴深厚，被省政府列为旅游小镇，密祉镇文盛街是"中国历史文化名村"。密祉镇有着得天独厚的水资源——珍珠泉，其出产的豆腐味道纯正、质地优良。

豆腐营养丰富，含有人体必需的多种微量元素和丰富的优质蛋白，素有"植物肉"之美称；其消化吸收率达95%以上，两小块豆腐即可满足一人一天的钙需要量。豆腐含钙虽高，要是单独食用，则人体对其钙质的吸收利用率非常低；如果把豆腐配上含维生素D高的食物做伴，借助维生素D的功效，人体对钙的吸收率可提高20多倍。

"弥渡豆腐宴"以弥渡密祉豆腐为主要食材，在吸引密祉民间豆腐宴精华的基础上，通过多种食材的搭配来增加营养成分，并采用一些新的烹饪手法研发制作。

六味碟：

蜜糖山楂、弥渡酸菜、彩椒银丝、口味吹肝、老坛萝卜、烧椒卤豆腐

山楂是中国特有的药果兼用树种，具有降血脂、血压、强心、抗心律不齐等作用，同时也是健脾开胃、消食化滞、活血化痰的良药。山楂内的黄酮类化合物牡荆素，是一种抗癌作用较强的药物，其提取物对抑制体内癌细胞生长、增殖和浸润转移均有一定的作用。

头盘：七彩弥渡（每人每）

早春无公害蔬菜是弥渡县一大优势特色产业，此菜用用当地果蔬配玫瑰醋汁，融和西餐手法，维C含量丰富。

头汤：三色豆腐（每人每）

明代著名医药学家李时珍曰“豆腐之法，始于汉淮南王刘安。凡黑豆、黄豆及白豆、泥豆、豌豆、绿豆之类，皆可为之，入馔甚佳也。”

冷菜：

弥渡素鸡、烧肉豆粉腐皮千层甜酱冷片

热菜：翰林豆腐（酸汤酥肉菜豆花）

“翰林豆腐”，来源于龚渤、谷际岐弥渡清代的两位翰林。龚翰林是做咸菜的高手，谷翰林是一个品尝豆腐的行家，二位成就了“翰林豆腐”。“未食翰林虀，时烹小宰羊”，“虀”，就是细切后用盐酱等浸渍的咸菜，就着嫩白的豆腐，别有味韵。

佐酒：酥炸黄粉皮

弥渡黄粉皮是家庭必备的干菜，金黄透亮，深受各界人士的青睐。油炸后，味道香脆回甜；可配酸腌菜煮吃，色鲜黄而味美。

素菜：当地时蔬

主食：豆花米线（每人每）

豆花口感凝滑，营养丰富，人体对其吸收率可达92%～98%；豆花米线是小吃中一款独具特色的品种，它口味香辣、爽滑，价廉物美，被戏称为“解馋食品”，吃了还想吃，情系此“线”中。

美点：三丁包子（豆腐丁、笋丁香菇丁）

弥渡酸菜

主料：花叶小苦菜
辅料：老姜
调料：辣椒面、花椒面、酒、食盐、红糖、草果面、八角面、小茴香
制作方法：小苦菜洗净沥干水分，切小段待用；老姜切丝或末待用；把主料，辅料，调料混合拌均匀，放入咸菜罐里，根据温度决定腌制的时间长短，一般4—10天可食用。

彩椒银丝

主料：新鲜豆腐皮200克、青椒丝50克、红椒丝50克
辅料：花椒油5克、生抽10克、鸡粉10克
制作方法：1.豆腐皮切丝，青、红椒切丝；
2.放入花椒油、生抽，拌匀即可。

弥渡·豆腐宴

老坛萝卜

主料：萝卜皮12千克
辅料：味精280克、鸡精210克、红糖500克、生抽3千克、蒸鱼豉油2千克、老陈醋1.5千克、小米辣500克、蒜片600克、水3千克
制作方法：1.萝卜去肉留皮，改刀为块；
2.萝卜皮用盐腌制12小时；
3.把腌制好的萝卜皮冲水，去盐味和萝卜的苦味；
4.把萝卜皮倒入调好的酱油内泡3天可以食用即可。

烧椒卤豆腐

主料：烧辣椒（尖椒）100克、白豆腐（卤豆腐）500克
辅料：生抽50克、花椒油10克、辣鲜露5克
制作方法：1.将尖椒烧熟去皮切为小段；
2.白豆腐改刀成块，用油炸至金黄色；
3.把炸好的豆腐，放入卤水中卤制45分钟；
4.将烧尖椒、卤豆腐，煳辣子调味拌匀即可。

七彩弥渡

主料：混合生菜80克、树莓3个、狗牙生5克、胡萝卜3克、小黄瓜3克、小番茄2个、柑橘酱50克

制作方法：1.在圆盘内放入混合蔬（当地蔬），推出主体的感觉再做颜色上的搭配；

2.颜色搭配放上树莓、草莓，也可使用当地色彩鲜艳的果蔬来搭配；

3.配上自制的柑橘酱制作完成。

山珍三色豆腐

主料：菜包1个、浓汤300克、山珍10克、三色豆腐100克

调料：食盐10克、油辣子10克

制作方法：1.三色豆腐切块，浓汤调味待用；

2.山珍切块，菜包分水待用；

3.把三色豆腐，山珍，菜包放入炖盅，浇上浓汤，用蒸箱蒸制30分钟即可。

弥渡素鸡

主料：保新豆腐皮3张、胡萝卜10克、香菇丝10克、豆芽10克

辅料：生抽5克、老抽3克

制作方法：1.胡萝卜，香菇切丝，和豆芽一起下锅炒熟（咸鲜味）；

2.用保鲜豆腐皮将三种丝包裹起来，上锅蒸10分钟后取出，用平底锅煎至金黄出锅即可。

烧肉豆粉

主料：豌豆粉300克、韭菜末50克、滇味汁水100克

辅料：花生碎10克、油辣子10克

制作方法：1.把豌豆粉切好后用平底锅煎黄；

2.把煎好的豆粉装盘，放韭菜末、小葱花、花生面、油辣椒，浇上汁水即可。

弥渡·豆腐宴

千层香干

主料：豆腐百叶（厚）

辅料：鸡脚、老姜、葱

调料：草果、八角、小茴香、桂皮、丁香、等卤水香料、酱油、浓汤

制作方法：用部分调料调制成简易卤水，加入辅料、鸡脚（过水）熬制一个小时，再加入豆腐百叶浸泡1小时，捞出百叶用纱布包好放入模具，重压一晚，然后入冰柜冷藏保持待用，上菜时根据需求解刀即可。

什锦豆腐锅仔

主料：菜豆腐500克、蛋卷200克、娃娃菜300克、小番茄100克、豆腐圆子500克、浓汤1千克

主料：食盐10克、味精5克、胡椒粉3克

制作方法：1.菜豆腐切块放入锅中，娃娃菜也放入锅中；

2.周围摆放蛋卷、豆腐圆子、小番茄、菜包、香菇、浇入浓汤，下调料调味，煮熟即可。

酸汤酥肉菜豆花

主料：酥肉50克、菜豆腐200克

辅料：鸡粉100克、味精50克、清辣子50克、酸菜100克

制作方法：1.干椒、酸菜、黄灯笼辣椒放入锅中炒香，注入清汤煮沸；

2.接着倒入菜豆腐，酥肉，调味，放人青椒稍煮即可。

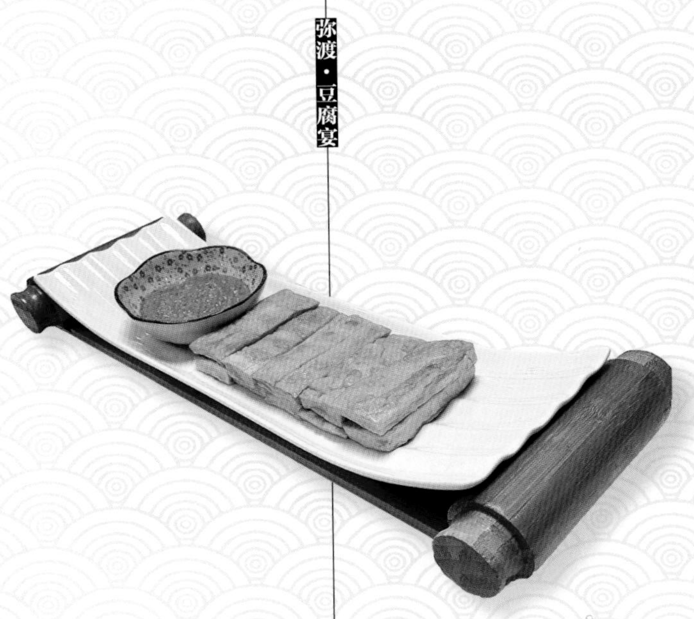

主料：火麻子豆腐
辅料：小米辣、葱花、香菜
调料：酱油、食盐
制作方法：1.小米辣火烧至表面出现黑色的烧点，捣碎加入盐、酱油制成酱油烧椒酱待用；
2.火麻子豆腐切长条形，用炭火烤制到发泡即可；
3.辣椒酱撒上葱花，香菜，配烤好的豆腐即可。

碳烤麻仁豆腐

主料：鱼片300克、豆花100克
辅料：干椒50克、姜50克、花椒10克、鸡粉70克、食盐5克、味精2克
制作方法：1.鱼肉切片腌制待用；
2.干椒，花椒，葱姜炒香，倒入清汤，调味，把鱼片倒入锅中煮熟即可。

糊辣豆花鱼

主料：香干、五花腊肉
辅料：老姜、小葱、小米辣、蒜苗
调料：生抽、食盐
制作方法：主料切条，飞水、拉油待用，油锅下葱姜、小米辣炒香，加入主料，调味，加入蒜苗，急火快炒，装盘即可。

小炒腊味香干

主料：豆浆2千克、土鸡蛋1千克
辅料：生粉100克、葱丝100克、洋葱丝100克、青椒丝50克、红椒50克
调料：生抽50克、蚝油50克、白糖5克
制作方法：1.豆浆倒入锅中，煮至没有生豆味，放点盐（低味）；
2.豆浆煮开勾芡；
3.将煮好的豆浆用冰水快速冷却；
4.土鸡蛋搅散后倒入锅中与豆浆一起搅拌均匀；
5.把搅拌好的豆浆倒入蒸盘中蒸40分钟；
6.将蒸好的豆腐，用刀切成小方块，油炸呈金黄色；
7.把炒好的洋葱，青椒，红椒，放在炸好的豆腐上即可。

春和豆腐

主料：臭豆腐400克、包浆豆腐200克
辅料：食盐5克、小葱10克、小苏打5克
调料：蘸碟1份
制作方法：1.臭豆腐和包浆豆腐榻细，放小苏打和盐搅拌均匀；
2.将豆腐搓成圆形，炸至金黄（搭配蘸碟使用口感更佳）；
3.蘸碟的制作：将折耳根，小米辣，香菜，小葱切细，加蚝油泡好。

双味球豆腐

豆花米线

主料：米线300克、豆花米线酱40克、水腌菜20克、韭菜末15克、炸酱40克、豆花150克

辅料：花生碎20克、炸黄豆20克、小葱花5克、香菜5克、油辣子5克

制作方法：

1.碗底加入韭菜末、水腌菜；

2.米线烫2—3分钟沥去水分放入备好的碗中，加入豆花米线酱汁；

3.再加入炒好的肉酱、油辣子、花生碎、炸黄豆（或花生粒），放入豆花、小葱、香菜即可。

老面三丁包

主料：白玉兰面粉1千克

辅料：泡打粉12克、酵母10克

三丁馅制法：

1.老豆腐切小丁过油备用，香菇、笋汆水切小丁备用；

2.锅内放大豆油100克，下草果、八角、大葱炸成香料油；

3.老豆腐、香菇、笋，用香料油炒香，加入酱油、生抽、水（适量）、鸡精、白糖调味，淋入芝麻油勾芡制成馅心；

4.将发好的面团分别下为小剂，压扁，包入馅心，上笼蒸熟即成。

大理·天龙八部宴

研发制作：大理天龙餐饮有限公司

大理·天龙八部宴　菜单

白族三道茶

八味碟　弥渡卷蹄
鹤庆吹肝
永平泡大蒜
喜洲冻鱼
巍山牛干巴
剑川红辣椒
海东黄金片
弥渡韭菜根

凉　菜　诺邓凉火腿
菊花拌桃仁

热　菜　大理砂锅鱼
大理酸辣鱼
洱海炝螺蛳
韭香洱海虾
南涧赶马鸡
永平黄焖鸡
雕梅扣肉
鸡足山冷菌炖黑皮
剑川清水萝卜
太极乳丝卷
七彩洋芋

主　食　蒙化千秋——巍山扒肉饵丝
古城新味——大理喜洲粑粑

白族三道茶

谁道人生好滋味，一苦二甜三回味。大理白族三道茶，是借茶喻世的独有茶道，明代大旅行家徐霞客到大理即受到三道茶礼仪的招待，他在游记中有“注茶为玩，初清茶，中盐茶，次蜜茶”的记述。2014年11月，白族三道茶荣列国务院公布的第四批国家级非物质文化遗产代表性项目名录。

头道茶，苦茶。制作头道茶的方法是，先把感通茶叶放入土陶罐中用文火烤，边烤边抖，直至茶叶微黄并发出清香味，然后冲入开水，茶罐内即留下少许又苦又香的浓郁茶汁。头道茶因开水冲入罐时有响声，故又叫雷响茶。

二道茶，甜茶。配制方法为先将漾濞核桃仁片与烤乳扇（牛奶制成的扇状食品）和红糖放入茶杯，然后冲入滚烫的茶水即可进献客人。第二道茶又甜又香且有乳香味，十分可口，具有丰富的营养价值。

三道茶，回味茶。制作方法是先将容器内放入花椒.姜片.桂皮，之后注入开水煮沸，取汤汁兑入蜂蜜茶水冲入细瓷杯即成。此道茶集甜.麻辣.茶香于一体，饮时别有风味，令人回味，故名回味茶。

白族三道茶除美味可口，饮来别有情趣外，由于先苦后甜，再回味，而汉语的“麻辣”用白语表达为“戚戚告告”却是“轻轻热热”的意思，颇具生活哲理。所以深受白族群众喜爱并发展成一种完整的茶文化礼仪。

1.弥渡卷蹄

主料：猪前腿1只

辅料：红曲米250克、炒大米粉500克、萝卜丝2千克、葱200克

调料：食盐36克、白酒50克

制作方法：1.将猪腿洗净，从小蹄角上面用刀子划开皮肉，将骨剔除（瘦肉不用取出），把瘦肉划切成条状，宽约3—5厘米，厚为2—4厘米，越长越好；

2.辅料调好，与食盐一起在瘦肉上揉搓，把曲米放碗内，加白酒，点燃白酒边烧边搅，约烧15分钟即可；

3.用牛角刀或匕首取出小蹄与腿之间的骨头，不要划破皮，把瘦肉放在里面，抹好调料，用线缝好刀口，从小蹄以上用筷子般粗细的绳子一道一道扎紧（越紧越好）；

4.将捆好的卷蹄放盒内腌2昼夜，再放沸水锅内煮至熟透（不要煮烂）捞出晒凉，解掉捆绳，拆去缝线，空处用萝卜丝和炒大米粉（大米炒熟磨碎）填充，放入坛内，密封坛口，15—20日后即可食用。

操作要领：捆卷蹄时一定要捆紧，不然会散。

特点：味香醇厚，咸鲜微酸。

2.鹤庆吹肝

主料：鲜猪肝1笼

调料：食盐25克，花椒面10克，白酒300毫升，香菜、葱花、姜各8克，酱油、醋各5克，芝麻油5克。

制作方法：1.将鲜猪肝上的胆管割开口，除留1个大的外，其余的全部用线扎紧，从大胆管口吹气，边吹边用手拍打（边灌入佐料）。取部分调料和酒拌匀，灌入肝内，其余的佐料涂抹在肝上。肝叶之间用竹片或玉米芯撑开，挂阴凉通风处晾干。经1个月半左右，腌制即成；

2.将腌制好的吹肝洗净煮熟，切成薄片，加上香菜、芝麻油、酱油、醋、葱花和姜末等佐料拌匀食用。

操作要领：做吹肝时，鲜猪肝上的胆管口一定扎紧。

特点：味香鲜，食而不腻，凉爽开胃。

3.永平泡大蒜

主料：新大蒜5000克

辅料：凉开水适量

调料：食盐50克、醋300克、白糖300克

制作方法：1.大蒜洗净去表皮，在清水中泡3天，每天要换水，3天后控干水分用盐腌制1天；

2.准备一个无油的瓶子，倒一些凉开水和适量的盐拌匀，再倒入糖和醋，把大蒜放入瓶中，并加满水，盖上盖，泡1个月即可食用。

操作要领：把控好盐的数量。

特点：蒜香浓郁，酸辣可口。

4.喜洲冻鱼

主料：鲫鱼5条

辅料：青蚕豆米100克，藠头50克，葱、姜、蒜各20克，菜籽油25毫升。

调料：食盐16克、花椒面3克、辣椒面15克

制作方法：1.鲫鱼去鳞去鳃，去内脏洗净；

2.锅内烧1000克纯净水，下入鲫鱼、蚕豆米、葱姜蒜、食盐、花椒面，等水开后放入辣椒面、菜籽油煮20分钟，最后放入藠头即可出锅装盘，在（冬天）常温下放12小时自然结冻。

特点：酸辣可口。

5.巍山牛干巴

主料：牛干巴400克

辅料：干辣椒丝50克、熟芝麻10克、味精10克

制作方法：1.先把牛干巴切成粗丝；

2.锅入油、放入干巴丝炒香，再放入辣椒丝、芝麻、味精炒30秒即可。

操作要领：切干巴时要逆丝切，不能顺丝切。

特点：入口干香，越嚼越香。

6.剑川红辣椒

主料：剑川红辣椒300克

调料：食盐2克

制作方法：1.先用5成油温把辣椒炒成红褐色后捞出；

2.将食盐均匀撒在炸过的辣椒上拌匀即可。

操作要领：注意油温，不要把辣椒炸过头。

特点：口感酥脆，辛辣。

7.海东黄金片

主料：黄金片50克

制作方法：锅内烧油至3成油温，下入黄金片，炸泡成金黄色捞出装盘即可。

操作要领：掌握好油温，不能炸糊。

特点：清香回甜入口酥脆。

8.弥渡韭菜根

主料：新鲜韭菜根500克

调料：食盐6克

制作方法：1.将韭菜根煮放盐煮5分钟，捞出放到有阳光的地方把韭菜根晒干；

2.用5成油温把韭菜根炸酥即可捞出装盘。

操作要领：韭菜根一定要晒干后再炸才好。

特点：香味独特、口感酥脆。

主料：诺邓火腿肘把一只（约为1500克）
调料：甘蔗
制作方法：1.先用火将火腿肘把表皮烧透，再用温水清洗干净；
2.火腿肘把去骨后放入汤桶，加清水和甘蔗煮60分钟捞出切片。
操作要领：煮时放甘蔗可中和盐分。
特点：香气浓郁，色泽鲜艳。

诺邓火腿

主料：漾濞核桃仁250克
辅料：食用菊花10克
调料：食盐2克、生抽10克、糖5克
制作方法：1.新鲜核桃仁去皮洗净；
2.把菊花、盐、生抽、糖同核桃仁拌匀即可。
操作要领：核桃仁最好是用新鲜的，这样味道更甘甜。
特点：清脆中有菊花的清香。

菊花拌桃仁

大理砂锅鱼

主料： 洱海黄壳鱼1条（活鲤鱼），约为750克。

辅料： A.土鸡1只，猪筒骨2根，龙骨3斤；B.猪蹄筋50克，鲜鱿鱼50克，海参50克，干虾米5克，猪排骨50克，土鸡块50克，火腿30克，猪肉丸子50克，香菇30克，猪里脊30克，青笋、胡萝卜各30克，蛋饺6个；C.水豆腐500克。

调料： 食盐15克、胡椒粉5克

制作方法： 1.鲤鱼去鳞去鳃，去内脏洗净，脊背上切十字花刀；

2.将A料放入汤桶加水熬制2小时制成高汤；

3.分别将B料和C料氽水备用；

4.把氽好水的豆腐放入砂锅，再放入鲤鱼，然后依次把C料摆放在鱼上，加入盐和胡椒，再浇入高汤，将砂锅加盖上火煮45分钟即可。

操作要领： 煮鱼的高汤一定要炖好，煮鱼时先用大火煮沸，再换成小火慢炖，时间不少于45分钟。

特点： 鱼肉滋嫩，味道鲜美，营养丰富。

大理酸辣鱼

主料：鲫鱼1000克

辅料：土豆250克

调料：A.大葱、姜、蒜各40克，干木瓜、干梅子各30克，糟辣子100克、辣子面50克；B.梅子醋20克、食盐5克、花椒面8克、白糖5克。

制作方法：1.鲫鱼去鳞去鳃，去内脏洗净，土豆去皮切条；

2.锅内下少许油，放入A料炒香后再加入清水1500克，下鲫鱼，最后放入B料，煮20分钟即可。

操作要领：制作此菜一定要用当地的梅子醋，干梅子，干木瓜才能体现果酸味。

特点：酸辣可口，色泽红亮，地方风味突出。

主料：洱海螺蛳650克

辅料：茭瓜250克。

调料：A.干辣椒节30克、蒜末30克；B.油辣椒20克、香醋10克、生抽20克、花椒油5克、食盐2克、味精10克。

制作方法：1.洱海螺蛳去壳去内脏洗净，改花刀；

2.茭瓜洗净切丝备用；

3.茭瓜丝装盘垫底，螺蛳肉氽水后用凉开水漂冷滤出，然后加B料拌匀，放到茭瓜丝上，最后加干辣椒节和大蒜末炝油即可。

操作要领：洱海螺蛳氽水时水开就捞起，时间不能过长，要保持螺蛳肉的脆嫩。

特点：煳辣脆嫩。

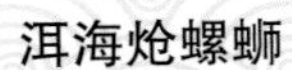

洱海炝螺蛳

韭香洱海虾

主料：洱海虾400克

辅料：韭菜200克

调料：A.干辣椒节10克、蒜片10克

B.食盐3克、胡椒粉2克、生抽10克、芝麻油5克

制作方法：1.洱海虾去头洗净，韭菜洗净切成1厘米长的节；

2.锅内下油烧到90°，下洱海虾炸酥后控油；

3.A料炒香后放入洱海虾，韭菜节，最后加入B料炒20秒即可出锅。

操作要领：炸洱海虾的油温要控制好，炒制时间不宜过长。

特点：韭香浓郁，鲜香回味。

南涧赶马鸡

主料： 去毛乌鸡1000克

辅料： 水发香菇100克、诺邓火腿70克、草果30克、丘北干辣椒30克

调料： 食盐16克、胡椒粉5克

制作方法： 1.先将乌鸡洗净去内脏，再砍成2厘米长的正方形；

2.锅内下少许菜籽油烧热，下香菇、火腿.草果、丘北辣椒炒香，再放入鸡块煸炒2分钟后加入1000克清水，小火炖30分钟，最后下入盐和胡椒粉调味即可。

操作要领： 香菇、草果的香味要炒出来。

特点： 成菜汤汁金黄，鸡肉中已融入火腿、香菇的香味。

永平黄焖鸡

主料：去毛仔鸡1000克

调料：A.草果15克、八角10克、葱姜蒜各30克、丘北辣子30克；B.辣椒面30克、草果面10克、花椒面10克、胡椒粉5克；C.生抽40克。

制作方法：1.仔鸡洗净去内脏，砍成2厘米长的正方块，用料酒、盐、胡椒粉、生抽腌制10分钟；

2.油温烧至90°，下鸡块炸至金黄捞出；

3.锅留底油，下入A料炒香，投入鸡块炒3分钟后，下入B料炒至有香味时再放入适量生抽，小火焖5分钟即可出锅。

操作要领：焖鸡时一定要改为小火。

特点：鸡肉干香微辣、回味无穷。

雕梅扣肉

主料：带皮五花肉500克

辅料：雕梅100克

调料：食盐6克、梅子醋10克、白糖100克、蜂蜜10克

制作方法：1.先将带皮五花肉洗净，再放入蒸箱蒸熟后用蜂蜜上色；

2.把上好色的五花肉用油炸成枣红色，在皮子部位剞成十字花刀，扣入碗内，最后把剩余三线肉切成丁，加盐、梅子醋、白糖、雕梅，炒匀后放入扣碗里，蒸45分钟即可。

操作要领：此菜一定要蒸透蒸糯。

特点：梅香酸甜、色泽红亮。

鸡足山冷菌炖黑皮

主料：烫皮肥膘肉750克
辅料：鸡足山鲜冷菌250克
调料：食盐10克、胡椒粉5克、蜂蜜15克
制作方法：1.将肥膘肉洗净后放入蒸箱蒸熟取出，改刀成3厘米的正方形，再用蜂蜜上色，后放入油锅炸至金黄色；
2.冷菌洗净后和上好色的皮子煮50分钟，加入盐和胡椒，即可出锅装盘。
操作要领：皮子上色时蜂蜜要抹均匀。
特点：菌香浓郁、皮脆肉香。

主料：剑川白萝卜
辅料：老君山山泉水
制作方法：1.白萝卜去皮洗净改为厚片；
2.锅内放水，倒入萝卜，煮熟即可。
操作要领：把握好时间，萝卜不宜煮烂。
特点：味甜清纯、消腻开胃。

剑川清水萝卜

太极乳丝卷

主料：邓川乳扇500克
辅料：白糯米250克、紫糯米250克、腰果50克、松仁30克
调料：糖水100克、玫瑰糖30克、白糖100克
制作方法：1.分别将白糯米和紫糯米蒸熟；
2.将腰果和松仁炸香后捣碎，再分别把白糖加入蒸熟的紫白糯米中拌匀；
3.分别把拌好的糯米饭均匀放在乳扇上，后将乳扇抱紧成卷，再放入漏勺里炸成金黄色，最后切成1.5厘米的小卷摆成太极形态，淋上糖水和玫瑰糖即可。
操作要领：乳扇包糯米饭时一定要包紧。
特点：糯香回甜、乳香浓郁。

七彩洋芋

主料：剑川花心洋芋350克
调料：食盐3克、花椒面2克、味精2克、辣椒面6克、葱花20克
制作方法：1.将洋芋去皮洗净，切成2.5厘米长，3毫米厚的片；
2.锅内烧油，将切好的洋芋片炸至金黄色后捞出；
3.锅留底油，放入辣椒面、盐、花椒面、味精和炸好的洋芋，炒出香味，撒入葱花即可装盘。
操作要领：炒洋芋时注意别把辣椒面炒糊。
特点：麻辣香脆。

巍山炽肉饵丝

主料：巍山饵丝500克
辅料：猪肘一只（约为1500克）
调料：A：巍山咸菜（腌菜、泡莲白、泡辣椒）葱花、香菜、酱油、花椒油、草果面、胡椒面、胡辣椒面；
B：草果3个、姜50克。
制作方法：1.先把猪肘皮子烧至焦黄洗净，再放入汤锅加B料煮8个小时，直到皮炽肉烂为止；
2.用开水把饵丝烫软后放入汤碗，再加炽肉汤，最后配上A料即可。
操作要领：煮肘子时要小火慢慢把肉炖烂，汤中要有草果的香味。
特点：肉烂炽香，饵丝软糯，味鲜汤美。

大理喜洲粑粑

主料：上等面粉、猪油、植物油
辅料：咸味（精盐、鲜猪肉、葱花）、甜味（红糖、玫瑰糖）
操作程序：将面粉入盆，注入清水和成面团，醒面后在面板上揉透擀成片，撒上精盐（或白糖），抹一层熟猪油，回卷成一长条状，揪成团擀成圆饼，用平底平口锅刷上菜油，置于栗炭火上，待油冒烟时，把圆饼放入锅底，上面盖上有栗炭火的锅盖，上下两面均有栗炭火烘烤，使饼受热均匀，烤至六成熟时，取下平底锅盖，将饼倒翻一次，在盖上平底锅盖，烤至熟时即可食用。
特色：色泽金黄、油而不腻。

丽江·纳西族『三叠水』宴

研发制作：丽江宾馆　李云

丽江·纳西族“三叠水”宴　菜单

第一叠；茶水、甜品（略）

第二叠：下酒菜
披星戴月
千窝笑迎
牦牛干巴
纳西米灌肠
炸韭菜根
炸鸡豆干
五子登科
水蕨菜

第三叠：汤水、热菜
笑脸相迎（柳蒸猪头）
百年好合
黑松露炖土鸡
金丝玉枕
扣羊肚菌
马帮菜
纳西大红肉
纳西火腿
纳西火锅
青刺果
青松挂雪
酸辣鲫鱼
雪山小黄菌
玉柱擎天
芸豆炖酥肉

主　食　铜锅豆焖饭
燕麦粑粑

丽江·纳西族“三叠水”宴

“三叠水”是丽江历代木氏土司接待贵宾的一种传统佳肴，是高规格的宴席礼遇。作为纳西族饮食的文化载体，三叠水具有独特地文化内涵，是丽江纳西族传统饮食文化最典型的代表。据史书记载，“纳西三叠水”始于明崇祯十二年（1639年），纳西族土司木增邀请著名地理学家徐霞客到丽江做客，木增土司在其隐居之所“解脱林”盛宴款待，摆出八十品美味佳肴宴请徐霞客。因其八十品美味佳肴需分三次上席，使用高、中、低错落有致的一套大碗、小碗、盘子，形式复杂如同高山多叠瀑布，一叠叠涌来给人应接不暇的感觉，故取名“纳西三叠水”（纳西族建筑造型中间高、两肩低的照壁也叫“三叠水”）。席间还会安排纳西族的民族歌舞和丝竹管弦，可以说是纳西人的“满汉全席”。《徐霞客游记》说；“大肴八十品”“罗列甚遥”“不能辨其孰为异味也”，流传至今，享誉四方。

“三叠水”所上菜品与24个节气密不可分，根据季节出产的物产有所不同，既有山珍海味，又有纳西族地方风味和特产小吃。上菜之时，按所上菜的口味分为三次上席，第一次“茶水”是以甜点茶食类为主，点心一般不少于六碟，多则十几碟，有面点、蜜饯、干果、水果等。第二次“酒水”是以凉菜、下酒菜为主。当宾主聚齐，谈兴渐浓，气氛融洽，到了就餐时间，撤去茶点，摆上酒杯，端上菜肴，大家喝酒吃菜。这一叠常常荤素搭配，既有常见的家常小菜，也有季节性较强的菜品，如千窝笑迎、青松桂雪、煎鸡豆凉粉，还有民族文化浓郁的、以纳西族七星披肩服饰为图案设计的“披星戴月”等，做到了色香味俱全。第三次是“汤水”。这一轮菜以炖菜为

"三叠水"

主，汤的成分较多，取名为汤水。如黑松露炖土鸡、柳蒸猪头、百年好合、芸豆炖酥肉等。而纳西铜火锅的上桌，则把整个宴会推向了高潮。纳西火锅用红铜打制，用栗炭做燃料，用鸡肉或是排骨做锅底，装入豆腐、粉丝、粉皮、洋芋、青菜等时鲜蔬菜一同煮熟，这是杂菜火锅；也可做山珍火锅，在鸡汤里炖煮牛肝菌、松茸、羊肚菌等各类山珍，又是一种风味。丽江地处高原，属冷凉地区，尤其在冬春季，早晚气温较低。当铜火锅端上时，立刻给人暖意融融的感觉。

"三叠水"还有"三碟水""三滴水"等别名。在纳西族地区享用"三叠水"美食，就是受到了纳西人的最高礼遇。

第一叠：茶水、甜品

风味特点：品种多样化、均为甜品、寓意甜甜蜜蜜。

品种：冬瓜蜜饯、南瓜蜜饯、木瓜蜜饯、菠萝蜜饯、红薯蜜饯、米糕、白糖糕克、脆李果脯、雕梅果脯、乌梅果脯、红瓜子、蜜桃果脯、苹果果脯、小红饼、丽江粑粑、米花糖、姜茶。其中蜜饯、果脯类为蜜糖腌制而成、饼类为烤制品。

丽江·纳西族“三叠水”宴

第二叠：酒水、下酒菜

风味特点：第二叠原料丰富、多选自滇西北高原土特产、山茅野菜，成品均为下酒菜、口味多样、质感杷、软干香。

披星戴月

主料：米线、水发石花菜

辅料：火腿肠、黄瓜、胡萝卜、白萝卜

制作方法：1.米线用沸水烫透滤出，入圆盘中铺成T字形，石花菜去杂质漂净，均匀地盖在米线上；
2.取白萝卜、胡萝卜、黄瓜改成圆柱形，切为薄片，在石花菜的上方拼摆成七个圆星；
3.火腿肠顺长切条片，在七星下方拼摆成条形；
4.用白萝卜切细条，将七星连接并装饰，制成“披星戴月”拼盘，最后浇上调味汁水即可。

千窝笑迎

主料：纳西吹肝

制作方法：1.将纳西吹肝煮熟切片；

2.把酱油、醋、油辣椒、味精、蒜末，调成汁水；

3.将调好的汁水浇在吹肝上面即可。

牦牛干巴

特点：丽江玉龙雪山附近多产牦牛，用牦牛肉腌制的干巴，香味醇厚，营养丰富。

主料：牦牛干巴

制作方法：1.将腌制好的牦牛干巴，切片；

2.锅内放入香油，下牦牛干巴和干辣椒，用油慢慢煸炒至干辣椒颜色变成褐红色即出锅装盘。

丽江·纳西族“三叠水”宴

纳西米灌肠

特点：香糯可口、少数民族风味。

主料：米灌肠

制作方法：1.将丽江本土产的血肠，改刀切片；

2.锅置火上，倒入精炼油，烧至4成油温下入血肠，待炸制成熟即刻捞起装盘。

炸韭菜根

主料：鲜韭菜根300克
调料：花椒盐3克
制作方法：1.将新鲜的韭菜根洗净晾干；
2.将韭菜根放入锅中，用油炸至酥脆，装入盘中，撒上椒盐即可。

炸鸡豆干

主料：鸡豆凉粉350克
调料：辣椒盐4克
制作方法：1.将做好的鸡豆凉粉切成方块，晒干；
2.将鸡豆凉粉干，放入油锅中，炸至酥脆，起锅装盘即可，带辣椒盐上桌。

五子登科

主料：青蚕豆米250克
辅料：干淀粉15克
调料：花椒盐3克
制作方法：1.将青蚕豆米洗干净后，用竹签串在一起撒上淀粉；
2.锅上火入油，放入穿好的青蚕豆米，炸至表皮发硬出锅，插入盛装器皿中，带椒盐，上桌即可。

水蕨菜

主料：鲜水蕨菜300克
调料：食盐3克、花椒面2克
制作方法：1.将丽江老君山出产的水蕨菜洗净过水汆透，漂两次清水；
2.水蕨菜放入盐，花椒面调味；
3.锅上火入油，放入水蕨菜，炸至干香出锅装盘即可。

主料：猪头
辅料：柳枝、葱头、姜片
调料：食盐20克、料酒30克
制作方法：1.将猪头去毛洗净，劈开下颚，取出舌头、脑花、剔除异物洗净，加姜葱、料酒腌制6小时待用；
2.锅置火上，加水将猪头放入，氽至血污去净后取出放入特制卤水锅内，卤制3个小时，待猪头成熟入味后捞起待用；
3.将猪头放入垫有柳枝的蒸盘内，蒸半小时取出，后配蘸碟、刀具上桌即可。
特点：纳西族的喜庆吉日上品美食，肥而不腻、粑而不烂，风味独特。

柳蒸猪头

百年好合

主料：百合、肉末
辅料：豆腐、姜蒜
调料：食盐5克、鸡精5克、白糖2克
制作方法：1.将百合拣洗干净，待用；
2.将肉末放入碗内，加入豆腐、姜蒜、盐、鸡精、白糖待用；将调好的肉馅酿入百合内，包成圆子状，装在抹有猪油的蒸碗内，上笼蒸半小时取出翻扣在盘内，淋上咸鲜味汁即可上桌。
特点：百合软糯，老少皆益。

主料：净土鸡1只、黑松露50克
辅料：云腿20克
调料：食盐8克
制作方法：1.黑松露50克切片，土鸡一只砍成块，火腿20克切片；
2.锅上火入油，放入火腿，煸炒出香味，投入鸡块，炒至微黄，注入清水，盛入土锅中炖三小时，放入黑松露片，再炖20分钟调味即可。

黑松露炖鸡

金丝玉枕

主料：火腿、蛋松、胡萝卜

制作方法：1.把火腿、蛋松、胡萝卜、黑大头菜切成末。将肥瘦肉按7：3的比例，打成捶料；

2.将鸡豆凉粉切成片，每片抹上均匀的捶料，分别撒上火腿末、蛋松末、黑大头末、胡萝卜末，做成半成品；

3.锅上火入油，把做好的半成品入锅煎熟即可。

马帮菜

主料：火腿丁、南瓜、土豆、面饼

制作方法：1.锅上火，放入火腿丁、南瓜、土豆，煸炒出香味；

2.把清水放入锅中，刚刚淹没土豆和南瓜，锅边贴上和好的面饼，盖上锅盖，焖烧至锅里发出嗞嗞声离火，将锅盖打开上桌即可。

特点：一锅成菜饭。

主料：羊肚菌、虾仁

制作方法：1.将羊肚菌用水发好，洗净；

2.把虾仁、肥膘，按6：4的比例锤打成茸，加入盐、味精、葱姜水，淀粉，蛋清，搅拌均匀入味，制成锤料；

3.羊肚菌内酿入锤料，扣入碗中，上锅蒸熟；

4.上桌时，将余熟的菜心垫在盘底，羊肚菌扣在上面，淋上芡汁即可。

扣羊肚菌

纳西大红肉

主料：五花肉

辅料：红曲米、姜、葱

制作方法：1.五花肉洗净、切成大的四方块；将红曲米放入碗内，倒入白酒泡涨待用；

2.锅至火上，加入水，放入肉块，大料、姜葱、红曲米，烧至肉炽而不烂，肉色红亮时即可。

特点：此菜是纳西族婚宴必不可少的民族菜，寓意红红火火。

纳西火腿

主料：纳西火腿

制作方法：1.火腿洗净，放入清水中浸泡20分钟取出，然后放汤锅中煮熟捞出；

2.将火腿切为长方形片，整齐地铺摆在盘中即成。

特点：成菜香咸味厚，回味悠长。

丽江·纳西族“三叠水”宴

纳西火锅

主料：腊排骨、火腿、山药、胡萝、大苦菜秆、韭菜根、绿豆芽、慈姑、洋芋、水发木耳。

制作方法：1.将腊排骨砍成块状、火腿切成片状，再将各种蔬菜拣洗干净，改刀待用；

2.依次将各种荤素原料放入火锅内、锅内注入火腿汤，煮至原料成熟即可。

特点：色泽鲜艳、层次分明，口味独特，香气满堂，气氛热烈。

青刺果

主料：青刺果

制作方法：用火腿汤或是腊肉汤把叶子煮熟，放上一点蛋皮丝，就是一道很好的美味。

特点：青刺果是一种丽江特有的植物，果实可以榨油，其中富含氨基酸和各种维生素，据说营养价值比橄榄油还高，叶子可以入菜。

青松桂雪

主料：嫩茴香100克

辅料：鸡蛋清4个、蚕豆淀粉适量

调料：食盐2克、味精2克

制作方法：1.茴香去黄叶洗净，摘成小段，加盐、味精拌匀腌1分钟；

2.鸡蛋清搅打成蛋泡，放入蚕豆干淀粉拌匀，取茴香放入裹匀，四成油温下锅，炸熟炸脆滤出装盘。

操作要领：炸时要掌握好油温火候，防止炸黄炸焦。

特点：成菜外脆内香，咸鲜可口，色白似雪。

主料：小黄菌

制作方法：1.小黄菌洗净，切成条状；

2.锅里放油，下蒜末、腊肉炒出香味，放入小黄菌、高汤稍煮片刻，调味出锅。

丽江小黄菌

主料：甘露子

制作方法：甘露子洗净，与炖至九成熟的丽江腊猪脚同煮至甘露子熟透，即调味起锅。

玉柱擎天

主料：五花肉

辅料：熟白芸豆、姜葱

制作方法：1.将猪肉改刀成小丁，另取一小碗加入盐、鸡蛋、面粉拌匀，再将肉丁放在蛋糊里待用；

2.锅置火上，倒入油，烧至六成油温，下入拌好的肉丁，炸至色泽金黄捞起待用；

3.锅置火上，放入少许油，下姜葱、大料炒香，注入鸡汤，倒入炸好的酥肉、白芸豆，炖至肉烂软入味即可。

特点：香味十足、酥烂不腻、深受老年人喜爱。

芸豆炖酥肉

铜锅豆焖饭

主料：大米、青豆米、火腿

制作方法：1.将大米、青豆米洗净，丽江三川火腿切丁；
2.锅上火入油，把火腿丁、青豆米放入锅中炒香后和大米一起放在铜锅里，加入适量清水，上火焖熟即可。

丽江·纳西族“三叠水”宴

燕麦饵块

主料：燕麦

制作方法：1.将燕麦洗净蒸熟，趁热放在石臼里，舂成饵块；
2.将燕麦饵块切片，放到锅里煎熟，盛盘中，待云南卤腐或椒盐上桌即可。

曲靖·珠江迎宾宴

研发制作：曲靖市餐饮与美食行业协会　杨平

曲靖·珠江迎宾宴　菜单

餐前水果拼（每人每位）

冰　盘　　山珍锦绣冰盘

六味开胃碟　●干巴菌韭菜花
傅家凉鸡
●马龙水晶蒿头
干椒油渣
火焙尖椒
●炸马龙荞丝配会泽洋芋片

头　汤　　●山珍汽锅圆子养胃汤
（每人每位）

热　菜　　●宣腿对节黎
●稀豆粉配洋芋野菜粑粑
●沾益辣子鸡
●曲靖煳辣鱼
●文火羊砂锅
●珠街黄焖老鸭
●双味倘塘黄豆腐
●曲靖名特蒸八碗

随饭小菜　曲靖小炒肉
曲靖吊锅大杂烩（●黑皮子、●富源酸菜、
酥肉、炸豆腐圆子）

主　食　　●曲靖蒸饵丝

点　心　　●曲靖小粑粑

（带●符号的菜品皆为曲靖非物质文化遗产《餐饮类》保护项目）

曲靖·珠江迎宾宴

珠江迎宾宴

汽锅圆子养胃汤

主料：豆腐1200克、老母鸡1只、猪后腿肉100克

辅料：鸡蛋4个、洋芋淀粉40克、生姜5克

调料：食盐15克、鸡粉10克、胡椒2克

制作方法：1.将豆腐去老皮捣碎装盘备用，猪后腿肉用刀剁成肉末，生姜去皮洗净剁成姜末；
2.老母鸡洗干净，先用大火烧开去泡沫，在改用小火慢炖6小时调味备用；
3.捣碎的豆腐内加鸡蛋清、姜末，猪后腿肉末、胡椒粉、盐、鸡粉、洋芋淀粉均匀的搅拌上劲；
4.取10个小汽锅，把搅拌好的豆腐挤成圆子装入汽锅内，浇上熬好的鸡汤，加盖蒸20分钟即可。

特点：洁白清靓，细滑鲜嫩，鲜香。

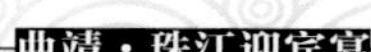

对节黎金钱腿

主料：火腿300克

辅料：对节黎60克

制作关键：1.对节黎是云南野生植物，散发特殊香气，采挖时容易带泥和杂质，必须用清水浸泡除泥去杂质，保证汤汁醇厚、香浓、清澈；
2.火腿选用滇东北农村喂养宰杀猪制作的火腿，周期为1年半至2年最佳。用喷枪烧制火腿皮发黑起壳，入冷水中浸泡半小时，然后洗净表面至金黄色，改刀成条，用麻绳缠绕捆绑放入加有甘蔗的汤桶中，放入冷水大火烧开改小火慢慢炖煮2到3小时，同时煮火腿过程中不断打去表面的油层。

制作方法：火腿煮熟后解开麻绳切片装盘，把煮好的对节黎连同汤汁一起放入已切好装盘的火腿上，上笼再蒸10分钟即可。

特点：汤汁清鲜，火腿脚香浓醇厚。

稀豆粉配洋芋野菜粑粑

主料：洋芋150克、豌豆面粉200克、野菜50克

辅料：小葱末3克、香菜末2克、姜末5克、水豆豉10克、粗辣椒面5克

调料：食盐15克、味精10克、白糖30克

制作工艺：1.洋芋去皮，放入高压锅内，加入调味料压6分钟，滤去水分，把洋芋打成泥；
2.洋芋泥捏饺子，搓成麻花形状；
3.豌豆去皮磨碎至粉状，倒入锅中炒至金黄；
4.炒好的豆粉用清水和成糊状备用；
5.野菜切细，白糖、放入面粉中加水搅拌成糊状备用。

烹调方法：1.锅内放入清水，小火烧开调味，慢慢倒入豆糊，小火熬制8~10分钟即可；
2.锅内入油，油温至五成下入洋芋麻花饺子，小火炸至金黄捞出装盘；
3.平底锅内放少许油，油温至三成下入面糊，制成饼状，两面煎黄即可装盘。

辣子鸡

原料：本地土火鸡一只，糍粑辣子400克、蒜茸200克、姜茸200克。

调料：食盐、味精、料酒、胡椒粉、糖

制作方法：1.把光鸡清洗干净，切成小块，下入盐、料酒腌制20分钟；
2.锅上火，下花生油烧热，加入蒜茸、姜茸炒香，再放入糍粑辣子，炒到香味浓郁，接着放入腌好的鸡块，加料酒、盐、糖，用文火慢炒至水分收净，加入胡椒粉、少许糖略炒为可。

曲靖糊辣鱼火锅

主料：鲜花鲢鱼2000克

调料：料酒、食盐、大蒜、老姜、大葱、白醋、小粉、胡椒、花椒、辣子面、鸡精、味精、泡酸菜、豆瓣酱、芹菜、丘北辣子、小葱、芫荽

制作方法：1.将花白鲢刮净，把鱼肉、鱼骨分离开，鱼肉片成手掌宽、0.5厘米厚的片；

2.鱼剖好后，把鱼肉、鱼骨放盆里，加入料酒，盐20克、老姜20克、大葱5段、少许白醋，腌制10分钟；

3.把腌制好的鱼骨和鱼肉分离开来，鱼骨放5克小粉、胡椒3克备用；鱼肉拌入小粉5克、胡椒3克、花椒5克、辣子面3克、鸡精2克、味精备用；

4.锅中入油200克，油温50° 左右放入老姜80克、大蒜80克炒至金黄，再放泡酸菜300克，炒香后放豆瓣酱100克，炒香后起锅备用；

5.锅中入油、把腌制好的鱼骨放到锅中用小火炒，当鱼骨变白，鱼头变黄色后，加入先前炒好的老姜、大蒜、酸菜、豆瓣酱，再加上汤，鸡精20克、味精5克、盐5克，用大火迅速烧开煮5分钟；

6.把已经煮好的鱼骨用漏勺打起来放在一个盆里，加入大葱段30克、芹菜段50克，再放入腌制好的鱼肉片，改用小火煮熟后用漏勺打起来，放在刚刚打起来的鱼骨上面，注入汤料；

7.锅中入油100克，烧至100° 后放入已剁细的老姜50克、大蒜50克及分成小段小段的丘北辣子20克，炸至棕红色后倒在鱼肉上面，并迅速撒上小葱、芫荽即可。

文火砂锅黄焖羊肉火锅

主料：宰杀全羊

辅料：自制老酱、生姜、草果、辣椒、花椒、羊板油、菜油

调料：食盐、料酒

制作方法：1.羊肉洗净、去大骨后砍切成5厘米见方的肉块；大骨洗净，敲碎后入铝缸熬汤；将羊板油切成条块状备用；

2.干锅置火上，锅温后下菜油、羊板油、炼成混合油，去油渣；

3.将自制老酱、生姜、辣椒、草果、入锅炒出香味，接着把羊肉入锅用中火焙炒40分钟左右，至肉皮收缩、出油；

4.将炒好羊肉加花椒翻炒后倒入大砂锅中，加入骨汤，调味，用文火焖4小时左右出锅，加薄荷即可食用。

特点：红黄色、羊肉酥烂、膻而不腥、味浓鲜嫩、肥而不腻。

珠街老鸭子

主料：选野生放养原生态老鸭子一只，约1.5千克

调料：曲靖地方特产越洲酱50克。川味红油豆瓣酱40克，威极生抽5克。草果、八角、香叶、桂皮、丁香各1克，白糖6克，味精4克，胡椒2克，生姜10克，大蒜子100克。

制作方法：1.将老鸭子宰杀，去毛、去肚杂清洗干净，砍成2厘米长，3厘米宽的块；

2.锅置火上，将生香油50克注入，炼熟后加入纯猪油100克，放入生姜、香料，待炒出香味后再放入越洲酱与豆瓣酱炒香；

3.将腌制后的老鸭子放入锅中，翻炒约十分钟后加入5克白酒再炒一分钟，然后加入300克水；

4.将炒好后的鸭子放入高压锅压15分钟，然后倒入锅中，撒上几颗香菜、几粒葱花即可。

特点：汤红肉香，层次分明。

禁忌：由于此菜性温热。因此消化不良者，内体过热者，尽量少食。

主料：黄豆腐12块、食用油50克

辅料：食盐10克、油卤腐汁40克、五香辣椒面30克

制作方法：1.平底锅上注入食用油，油温至五成时依次放入黄豆腐煎至两面金黄即可；

2.黄豆腐装盘配卤腐汁和五香辣椒面即可。

烹调要领：黄豆腐必须用盐水煮过才入味，煎黄豆腐用小火。

曲靖·珠江迎宾宴

双味倘塘黄豆腐

传统扣八碗

传统扣八碗以食材丰富，装盘简洁而著称。在人们的婚丧嫁娶中，构成了民俗饮食风格，其发展至今，已经成为曲靖本地菜的菜肴组成，品尝扣八碗的食客促进饮食的推动发展，不能不说是一种自然回归的推力所致，从中细细品味，不难得出中华饮食灿烂文化的诱惑力和孕育萌发民族文化顽强生命力的基因所在，返璞归真，推陈出新，才是饮食行业的主旋律。

1.千张肉

主料：猪带皮五花肉500克

辅料：腌菜300克、蜂蜜10克、糖色50克

调料：红糖末300克、料酒10克、食盐6克、姜蒜末20克、味精20克

制作方法：1.把带皮五花肉入锅内煮至断生取出，趁热抹匀蜂蜜水，凉冷后，下热油锅走红上色，放凉，切大薄片，皮朝下放整齐铺在碗底；

2.油锅内放入腌菜炒香，加红糖末、姜蒜米、料酒、盐、糖色，味精拌均匀，铺在五花肉上，上笼大火蒸1小时左右，反扣入盘即成。

特点：入口化渣不油腻。

2.粉蒸排骨

主料：猪肋排500克

辅料：糯米200克、花椒粒5克、八角桂皮各5克、豆瓣辣酱50克、清汤100克、胡萝卜50克、小葱粒10克

调料：食盐6克、料酒10克、鸡精20克、酱油10克

制作方法：1.把糯米用小火慢慢焙黄，投入花椒粒、八角、桂皮焙香后倒入粉碎机内打成细末备用；

2.排骨砍成段，漂净血水，挤干水分，用盐、黄酒、鸡精腌制后加入米粉、炒酥香的豆瓣辣酱、清汤、切成小块的胡萝卜、酱油拌均匀；

3.碗内把排骨摆放整齐，用米粉浆填满，入蒸箱蒸2小时取出，反扣入盘，撒上小葱粒即可。

特点：排骨香辣可口、米粉糯香不油腻。

3.火腿扣洋芋

主料：黄心洋芋500克，火腿200克

辅料：香菇2朵、葱丝5克

调料：水淀粉5克、食盐5克、鸡油10克

制作方法：1.把黄心洋芋去皮修成长方夹刀片，下油锅炸至表皮封口色黄滤出；

2.火腿选用肥瘦均匀的陈年火腿，切成长方薄片。分别把一块夹刀洋芋中间夹一片火腿，重复叠放于碗内，碗底中间垫放2朵水发香菇，入蒸箱蒸半小时取出扣入盘中，多余汁水滗入锅内，加盐、水淀粉勾薄芡，淋入鸡油，浇在洋芋火腿片上，撒上细葱丝即成。

特点：营养丰富，家常味突出。

4.扣韭菜根

主料：韭菜根500克

辅料：新鲜肉末300克、香菇粒50克、姜米20克、葱粒20克

调料：食盐8克、味精5克、胡椒粉5克、水淀粉10克

制作方法：1.把新鲜肉末（五分瘦，五分肥）倒入盘中，加入香菇粒、姜米、葱粒、水淀粉、盐、味精、胡椒粉搅拌均匀；

2.韭菜根清洗干净，剪去老根留嫩须根，中间放肉馅，四周用韭菜须根包裹均匀，捏紧两头剪整齐，留6厘米长的段，整齐放于碗中，重复制作20段韭菜根卷，入蒸箱蒸1小时取出，反扣入盘，带煳辣蘸水供客人食用。

5.扣蛋卷

主料：土鸡蛋5个、新鲜肉末500克（肥瘦均匀）

辅料：马蹄100克、姜米5克、葱末10克、树花20克

调料：食盐8克、味精5克、胡椒粉5克、料酒5克、生粉5克

制作方法：1.把土鸡蛋打散，加盐、味精搅拌均匀；铁锅制好后用小火烙制蛋皮，重复制作10张蛋皮后重叠一起，用圆形模具（小号）压制成圆形待用；

2.新鲜肉末加入姜米、马蹄粒、葱末、盐、味精、胡椒粉、料酒、生粉搅拌均匀成肉馅；在每一小张蛋皮中间放肉馅，双边相对折成荷包形，整齐码放于抹了猪油的碗底，中间填入清洗干净的树花，上笼蒸半小时取出后扣在盘中即成。

特点：颜色金黄、口感软嫩。

6.扣百合

主料：新鲜本地百合200克、猪后腿肉200克

辅料：葱花5克、姜米5克

调料：食盐5克、味精3克、胡椒粉2克、料酒5克、生粉5克

制作方法：1.后腿肉剁细后加入姜米、盐、味精、胡椒粉、料酒、生粉搅拌均匀成肉馅；

2.百合清洗干净，分成片瓣，把肉馅夹入中心，四周用百合瓣包压紧固后放入抹油的碗中，重复制作，填满后入笼蒸制1小时取出反扣入盘，上撒葱花、带煳辣椒蘸水供顾客选用。

特点：百合糯甜、肉馅细嫩软滑。

7、扣白菜帮

主料：卷心白菜心500克、新鲜后腿肉末300克

辅料：香菇粒50克、姜米5克、葱末10克

调料：食盐6克、味精3克、胡椒粉2克、生粉5克

制作方法：1.白菜心从叶切断，整棵白菜帮用“米”字形切口切断，入沸水锅内飞水漏出，用冷水漂冷待用；

2.后腿肉末倒入盆内，加香菇粒、姜米、葱末、盐、味精、胡椒粉、生粉调拌均匀成肉馅，入冰箱冷藏20分钟待用；

3.漂好的白菜帮挤干水分，每叶菜帮之间夹入肉馅，按一棵白菜完整形状叠入碗中，入蒸箱蒸制20分钟取出，反扣入盘即成。

特点：白菜清淡爽口、优雅清香。

8.扣绣球圆子

主料：肉馅500克

辅料：蛋皮丝50克、火腿细丝50克、树花10克、竹笋丝10克

调料：食盐6克、味精3克、胡椒粉2克、水淀粉5克

制作方法：1.将肉馅加入盐、味精、胡椒粉、水淀粉搅打上劲，挤捏成2厘米直径的肉圆备用；

2.树花清洗干净，挤干水分，与竹笋丝、火腿丝、蛋皮丝混拌均匀，把肉圆子滚上各种细丝，填入抹了油的碗中，入蒸箱蒸20分钟后反扣入盘中即可。

特点：颜色艳丽，肉香、鲜突出。

主料：猪后腿肉400克、猪油150克、青蒜节100克、干椒节20克、姜片10克

调料：食盐3克、耗油10克、胡椒粉3克、味精2克、鸡精5克、酱油10克、海天老抽5克、生粉10克

制作方法：1.猪肉切片，加入全部调料腌好；

2.锅上火下猪油、干椒、姜片炒香，投入肉片，炒至九成熟放蒜苗炒熟即可。

特点：滑嫩爽口，老少均宜。

曲靖小炒肉

曲靖蒸饵丝的主料为当地产的筒子饵块。它是用曲靖沿江、珠街一带产的优质稻米，按传统工艺加工而成的。曲靖蒸饵丝的调配料非常丰富、考究。蒸至饵丝发软时，取出装入碗中，放上焯熟的韭菜、绿豆芽，调入精盐、白糖、味精，淋上熬好的酱油，盖上肉酱、蒜泥，撒上酸菜，喜欢吃辣的顾客还可以自行放上油辣子，最后拌匀就可以食用了。等顾客吃完饵丝，再喝上一小碗撒了葱花的筒子骨汤，回味无穷。

蒸饵丝

曲靖人把传统的“带馅”糕饼称为小粑粑。中秋节前后，把荞麦红饼称为“红饼”或“大饼”。曲靖小粑粑还是“定情信物”，曲靖人说婚成功后，订婚时，男方要按女方家的要求，挑数百个“小粑粑”和其他聘礼到女方家，女方则把男方送的“小粑粑”送到自己的亲朋好友家中，并告知各位亲朋好友，女儿已经订婚了，择日成婚。

曲靖小粑粑

普洱·江城黄牛宴

研发制作：云南春风阁餐饮服务有限公司　史越春
昆明赢融印象餐饮公司

普洱·江城黄牛宴　菜单

精美六味碟	煳辣牛肉 红油牛舌 鸡蛋干丝 滇香花生 蓝莓山药 清油甜笋	头　汤	三江靓汤（位）
冷头盘	江城月色	头　菜	大山牛排（位）
凉　菜	江城牛膏 柠檬牛肉	热　菜	蒜香牛肉 石烹牛腩 酸辣牛杂 逍遥牛尾 江城时蔬 石锅荟萃
		主　食	烧汁牛掌配江城香米饭
		点　心	牛肉煎饼 家乡苦荞饼
		甜　品	牛奶皂角羹（位）

普洱·江城黄牛宴

江城哈尼族彝族自治县因李仙江、曼老江、勐野江三江环绕而得名“江城”，黄牛是江城县特色畜牧品牌。黄牛肉高蛋白、低脂肪，肉质鲜美，有很高的营养价值。唐代陈藏器撰写的药物学名著《本草拾遗》指出：黄牛肉补气、健脾，对虚弱之人可以助其健壮，对脾虚水肿的人，则有“消水肿，除湿气”的良好功效。

江城黄牛宴

“江城黄牛宴”以江城哈尼族彝族等6个世居民族深厚的传统饮食文化积淀和当地物产为资源整合，从江城民间的菜肴中取其精华，与时俱进，由中国滇菜研发中心大厨结合现代烹饪方法和新的食材进行研发创新。

菜单文化诠释

精美六味碟：开胃食品，荤素搭配，味道清新，色泽各异，刺激味蕾，取到增加食欲的作用。分别由牛菜、坚果、素菜各2个组合而成。坚果中的七彩花生为普洱独有，口感细腻，果肉自然香甜，营养成分大大高于普通花生。

冷头盘：江城月色。江城有“一城连三国”的独特区位优势，又是多民族聚居地，风光旖旎。本菜摆盘以边疆风光立意，色泽鲜亮、刀工娴熟，是美食艺术品。

凉菜：江城牛膏、柠檬牛肉。“牛膏”为自冻的菜肴，在温度降至其凝固点25℃以下时，胶原纤维之间发生交联而形成。其特点为：冷透自冻，胶质焖出，卤汁肥浓起胶，胶原蛋白含量较高，入口鲜而有劲。柠檬中含有丰富的柠檬酸，富含维生素C，柠檬牛肉有清新的柠檬香，配以当地米线、米干，味型偏酸辣，不但好吃，而且柠檬的维生素能使皮肤保持艳丽，光泽细腻，是一道色、香、味俱佳的菜式。

头汤：三江靓汤。“三江环绕”是江城一景。此汤用江城大红菌与土鸡、牛肉等食料精心烹制出而成。大红菌是一种极名贵的珍稀食用菌，艳红亮泽，肉质肥厚、味道鲜美，比其他香菇类具有更高的蛋白质、氨基酸、丰富的矿物质和维生素及多种药用成分，被誉为“香菇之王”。成菜汤色黄亮、鲜醇，香味浓郁悠长，营养互补。

头菜：大山牛排。江城县有座“鸡鸣三国”的大山，因层层叠叠共有十层，被命名为“十层大山”。云南人敬畏和保护大山，赋予大山人文韵味。牛排是精选江城黄牛优质部位，运用秘制卤水，经中西合璧的手法精心卤制后，在烤箱中焗烤而成。

热菜：选择江城黄牛肉、牛腩、牛杂、牛尾等不同部位，采用不同烹饪手法，力求做到“一菜一格”。“石烹”是我国古代的一种原始的烹饪方法，其历史可追溯到旧石器时代；石锅是陶器的一种，造型美观多样，质硬，遇热快，使用时不粘锅，烹饪的食品美观且美味。牛肉为蒜香味型；牛杂是酸辣味型；牛腩是指带有筋、肉、油花的肉块，是上等的红烧部位，含有全部种类的氨基酸，富含对人体有益的各种微量元素，能提供高质量的蛋白质；牛尾肉质紧密且富有弹性，含蛋白质、脂肪、维生素等成分，有特殊的牛肉鲜味，营养价值极高。“石锅荟萃”的江城时蔬绿色、生态，可根据季节时令挑选使用。

主食：烧汁牛掌配江城红米饭。牛掌皮里有肉，肉里有筋，富含大分子胶原蛋白；江城红米含有丰富的淀粉与植物蛋白，富含众多的营养素，其中以铁质最为丰富。“烧汁牛掌”色泽透亮，质地糯烂，味浓汁鲜，与江城红米饭是绝配，让您大快朵颐。

点心：牛肉煎饼：牛肉富含丰富蛋白质，其氨基酸组成更接近人体需要。本品色泽金黄，软嫩酥香，具有补气调理等效果；家乡苦荞饼：苦荞七大营养素集于一身，是能当饭吃的保健食品，苦荞饼有较好的营养保健价值和非凡的食疗功效。

甜品：牛奶皂角羹。牛奶中含有丰富的钙、维生素D等，消化率可高达98%，是其他食物无法比拟的。皂角仁富含天然植物胶原蛋白，能补充皮肤各层所需营养，增强皮肤中胶原活性，延缓衰老。

煳辣牛肉

主料：牛腱肉100克
配料：煳辣子、蒜末、香菜各适量
调料：生抽、食盐、鸡粉各适量
制作方法：先将牛腱肉煮熟切片备用，然后将切好的牛肉加入煳辣子、生抽、盐、鸡粉、蒜末调味拌匀后撒上香菜即可。

鸡蛋干丝

主料：鸡蛋10个
调料：自制卤水、葱油各适量
制作方法：将鸡蛋打入盘中搅散，用小火蒸成鸡蛋糕，把蒸好的鸡蛋糕放入卤水中，小火卤制入味后捞出切成丝，加入葱油拌匀即可。

滇香花生

主料：花生100克
调料：食盐
制作方法：将花生去壳后放入油锅中小火炸至香酥，捞出后撒上食盐、葱花即可。

红油牛舌

主料：牛舌100克
配料：青红尖椒、蒜末、葱花各适量
调料：食盐、生抽、醋、自制红油各适量
制作方法：先将牛舌煮熟切片；青红尖椒切成小圈，把切好的牛舌整齐摆入盘中，撒上青红椒圈，然后用生抽、陈醋、盐、蒜末、红油调制酱汁，浇到牛舌上，最后撒上葱花即可。

清油甜笋

主料：甜笋100克
调料：食盐、鸡粉、白糖、葱油
制作方法：将甜笋切丝，下入锅中焯水后用凉水冲凉，滤干水分，加入盐、白糖、葱油拌匀点缀即可。

蓝莓山药

主料：山药100克
调料：蓝莓酱
制作方法：将山药去皮洗净，切成小丁后煮熟，滤干水分，浇上蓝莓酱，再用小蓝莓点缀即可。

江城月色

主料：卤牛肉30克、黑椒牛肉30克、青笋20克、胡萝卜20克、蛋白糕20克、紫菜蛋卷30克

配料：黄瓜、葱油各适量

制作方法：将各种主料改刀切成水滴状，整齐地摆入盘中成山水状，各种主料岔开颜色摆盘，把黄瓜制成竹子状排入盘中，刷上葱油即可。

主料：牛肉100克、牛筋200克、牛皮200克

调料：生抽、陈醋、油辣子各适量

制作方法：将牛肉煮熟，牛筋和牛皮用小火煮至酥烂，把煮熟的牛肉压烂至托盘底部，然后浇入熬制好的牛皮牛筋，放入冰箱冷藏定型，最后将定好型的牛肉糕切片，配上蘸碟即可。

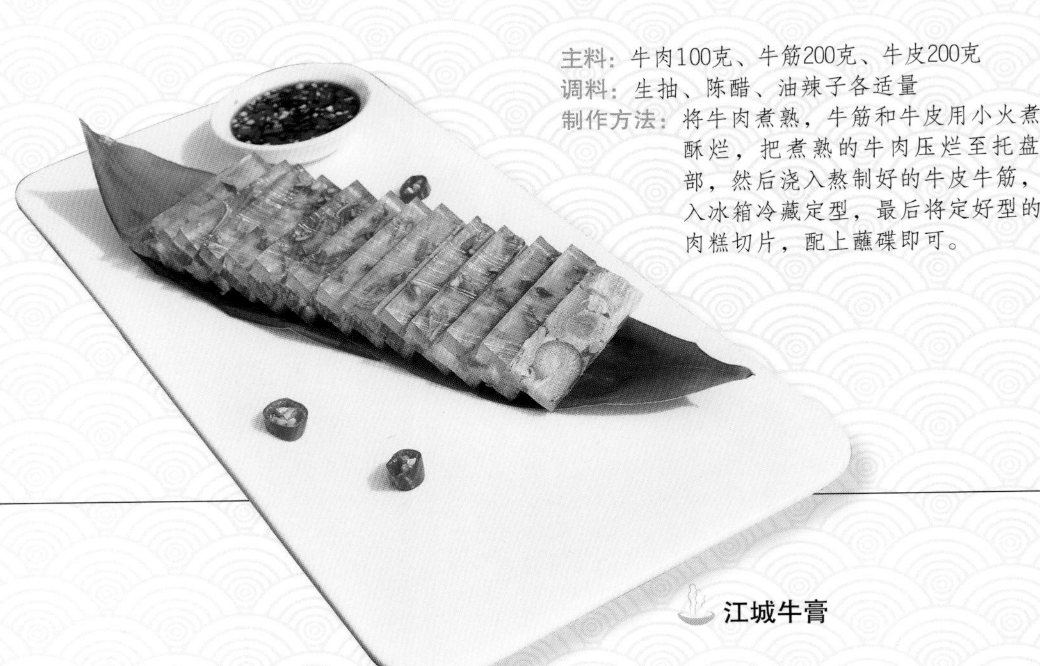

江城牛膏

柠檬牛肉

主料：牛肉300克、撇撇200克
配料：树番茄、大芫荽、小米辣、蒜、柠檬、葱、姜各适量
调料：食盐、糖、味精、辣子面、生抽
制作方法：先将牛肉切片，加葱姜水、生抽、盐、辣子面腌制20分钟后放在烧烤架上烤熟；撇撇用水烫熟，将烤好的牛肉包上撇撇摆放入盘中。

制作蘸碟，将树番茄烤熟切碎；大芫荽、小米辣、蒜切碎放在一起，加入柠檬汁、盐、糖、生抽、味精调味即可。

主料：土鸡一只、牛肉20克、大红菌10克、食盐
制作方法：将土鸡宰杀，洗净斩块，焯水后加清水小火炖煮；牛肉焯水后放入鸡汤中，大红菌泡发好后也加入鸡汤中，调味后放入蒸箱蒸制两个小时，最后加入豆尖点缀即可。

三江靓汤

大山牛排

主料：牛排骨200克
配料：慈姑、生菜
调料：自制卤水、黑胡椒碎
制作方法：将牛排骨焯水后放入卤料卤煮，慈姑切片，将卤好的牛排放入烤箱，烤至表面微黄，撒上胡椒碎，再烤制3分钟取出放置盘中，加慈姑片、生菜配盘即可。

主料：牛里脊肉400克
配料：大蒜50克
调料：食盐、糖、生抽、料酒、味精
制作方法：牛里脊切丁；大蒜一半榨汁，一半剁茸。将切好的牛里脊肉加蒜汁、盐、生抽、料酒腌制20分钟，蒜茸用小火炸至金黄捞出，将腌制好的牛肉过油捞出，加入炸好的蒜茸、盐、味精炒匀即可。

普洱·江城黄牛宴

蒜香牛肉

石烹牛腩

主料：牛腩肉600克
配料：蒜子、洋葱、干辣椒、白芝麻、花椒籽、葱、姜、高汤
调料：食盐、生抽、味精、料酒
制作方法：将牛腩切块焯水后捞出，加葱、姜、花椒籽、盐炖熟备用；洋葱切丝，大蒜切粒；锅中下底油，放入大蒜子、干椒段炒香后放入牛肉，加生抽、盐、味精、少许高汤，烧一分钟后起锅装入垫有洋葱丝的火山石板内，烹入料酒即可。

酸辣牛杂

主料：牛杂500克
配料：小米辣、香菜、姜、蒜、葱
调料：红酸汤、食盐、味精、白糖、老酱、料酒
制作方法：将牛杂洗净，加姜、葱、料酒、盐煮熟切丝。锅中下底油，放入姜蒜、老酱炒香后放入红酸汤，加水，和煮好的牛杂小火烧1分钟，出锅撒上小米辣、香菜即可。

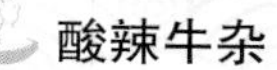

逍遥牛尾

主料：牛尾800克
配料：面包糠、干椒段、蒜、小葱、姜
调料：食盐、味精、料酒
制作方法：将牛尾去毛，洗净后斩段，加葱、姜、料酒、盐煮熟。锅下底油，放入干椒段炒香后投入牛尾、蒜茸、面包糠、盐、味精翻炒均匀，撒上葱花即可。

主料：百合、小番茄、木耳、胡萝卜、黄瓜、生菜、冰菜、刺五加各100克

配料：树番茄、大芫荽、小米辣、大蒜、柠檬

调料：食盐、白糖、味精

制作方法：将主料用淡盐水浸泡20分钟捞出改刀放入盘中，树番茄用火烧熟切碎，大芫荽切末，小米辣切末，大蒜剁茸，柠檬取出汁水，将树番茄捣碎，大芫荽、小米辣、柠檬汁、盐、味精调成蘸碟，放入花盘中即可。

江城时花

石锅荟萃

主料：毛芋头、胡萝卜、蚕豆米、山药各80克

配料：枸杞

调料：食盐、糖

制作方法：将毛芋头蒸熟去皮切厚片；胡萝卜切片；山药切厚片，用砂锅加入牛肉汤、盐、糖，调味后下主料。小火炖煮至汤汁浓稠，撒上枸杞即可。

烧汁牛掌配江城红米饭

制作方法：牛掌洗净，焯水后加葱、姜、料酒、盐、生抽、老抽和香料，小火炖至软烂后捞出。芦笋焯水放置盘中，把牛掌放在芦笋上，在盘子一旁扣上花米饭，锅中放入炖牛掌的汤，加少许糖色、味精、盐调色调味后收至汤汁浓稠，然后取出浇淋在牛掌上即可。

牛肉煎饼

主料：面粉200克、牛肉100克
配料：葱、姜、鸡蛋、白芝麻油
调料：食盐、糖、料酒、味精
制作方法：将牛肉剁成末，加葱姜水、盐、味精、料酒、鸡蛋搅拌均匀备用。然后和面团，将拌好的牛肉馅放入面团，做成饼，表面沾上白芝麻，下油锅煎至两面金黄即可。

家乡苦荞饼

主料：苦荞粉250克
配料：鸡蛋一个、泡打粉、蜂蜜、色拉油
制作方法：苦荞面加水、鸡蛋、泡打粉、色拉油调成糊状，静止10分钟，用煎锅将调制好的苦荞糊分别制成圆饼，煎至两面金黄，佐蜂蜜食用即可。

牛奶皂角羹

主料：皂仁10克、牛奶20克
配料：枸杞5克
调料：冰糖10克
制作方法：皂仁泡透后蒸熟，枸杞泡发好备用。取一小碗，倒入牛奶，加冰糖和蒸熟的皂仁后再放入蒸箱蒸10分钟取出，放入枸杞即可。

西双版纳·傣家生态宴

研发制作：西双版纳驻昆办金孔雀大酒店　樊伦

西双版纳·傣家生态宴　菜单

开味碟
傣味烤乳猪
牛腱包薄荷汤锅
酸笋煮乌鸡
版纳小耳猪凉片
傣味基围虾
曼飞龙烤鸡
柠檬舂干巴
香茅草烤罗非鱼
包烧鲜白参
牛皮喃咪
傣味芭蕉花
喃咪时蔬
酸巴菜
版纳小苞谷
糯米饭青苔
菠萝紫米饭

西双版纳·傣家生态宴

西双版纳，傣语古称：“勐巴拉那西”，意为“理想而神奇的乐土”。这片乐土以神奇的热带雨林自然景观和浓郁的少数民族风情而闻名于世。

“泡沫跟着流水漂，傣家跟着流水走。”神奇美丽的西双版纳，饮食文化源远流长。傣味菜，在云南菜系中独享盛誉，备受青睐。傣家最具特色的宴席——生态绿叶宴，汇聚了西双版纳傣族最具特色的佳肴美味。所有的食材，都是从西双版纳收集

傣家生态绿叶宴

的原生态新鲜食材，运用傣家传统烹饪手法精心制作而成。绿叶宴就是西双版纳傣族“家的味道”。

孔雀是傣族的吉祥物。绿叶宴将特色菜摆放成孔雀开屏的形状，寓意孔雀开屏，幸福吉祥！今天我们用傣家开味碟摆成孔雀头，紫米菠萝饭和青苔糯米饭、喃咪时蔬，围成孔雀羽毛花纹，傣家秘制乳猪、生态小耳猪凉片、曼飞龙烤鸡、香茅草烤鱼、包烧白参、柠檬春干巴、炸牛皮、等菜肴拼围成孔雀羽毛，十二盅“牛腱包薄荷牛汤锅”围成孔雀尾，象征着西双版纳州景洪、勐海、勐腊等12个美丽的坝子。

烧烤，是傣族最喜欢采用的烹饪方法。逢年过节，亲友聚会，各色烧烤是必备之菜肴。这道傣家秘制烤乳猪，厨师运用版纳独有的香料烤制而成，具有色泽红润，皮酥肉嫩，入口奇香，形态完整等特点，堪称傣家一绝。傣族特色的香茅草烤鱼、曼飞龙烤鸡都是傣家人款待贵宾不可少的名菜。

香茅草烤鱼，傣语“撒嗨比吧”。香茅草烤鱼是地道传统的傣族风味菜肴。因其做法独到、香味独特、鲜嫩可口，在傣味菜肴中知名度非常高，是傣家人款待贵宾不可少的一道菜。香茅草具有浓郁的柠檬香味，是一种生长在亚热带的天然香料。有健胃通气、提神醒脑、消毒止痛的功效，还有润湿皮肤，美容养颜的功效。在炭烤的过程中，各种香料与香茅草的香味和鱼肉的鲜甜完美的融合，使得香茅草烤鱼味道独特，具有香、酥、鲜的特点，极能增进食欲。

版纳小耳猪，是将本土野猪驯化而来的纯原生本地品种，具有肉质细腻鲜嫩，皮糯肉香、肥而不腻、绿色生态美味又营养，增强免疫力等特点。西双版纳的小耳猪以无污染的青绿饲料为主食，肉鲜、口感好，是纯天然的绿色食品，我们的版纳生态小耳猪凉片肉质鲜嫩，而且营养丰富。

牛腱包薄荷汤锅也是一道传统的傣家美食。此菜给人的感觉是，汤浓醇鲜，营养丰富，肉质鲜嫩，味道清香，薄荷还可以解去牛油的荤腥之气。

“喃咪”是傣语，意为酱汁。傣族“喃咪”系列菜品，

因其制作原料多种多样而有多种称谓。这道牛皮喃咪，经过精心处理的牛皮色白如

手抓饭

玉，松脆可口。蘸上傣家特有的酱料——番茄喃咪，辛香回甜，独具风味。

傣族喜欢将干巴用火烤熟，再用小铁锤打细，手掰成丝，放入舂好的作料再舂一会即可食用。食味辛香，略带辛辣，肉质酥松，细腻，夹杂着淡淡的柠檬香气，幽幽的清香直沁人心脾，令人心神清爽。

傣味基围虾，是结合了傣族爱吃剁生的饮食文化，融入了外来的刺身做法，用新鲜的基围虾头去皮改刀去虾线待用，用柠檬汁、小米辣、荆介、大蒜、大芫荽等调味，此菜酸辣适中味道鲜美，造型独特，口感极佳。

毫啰嗦（泼水粑粑），是傣族人民逢年过节必备的食品。在傣家流传一句话，每人每年只能吃毫啰嗦一次，傣家人只有每年过泼水节傣历新年的时候才能做一次，也就是一年吃一次就长大一岁了，先把糯米泡软磨细，打成干浆，再把糯索花、花生、芝麻、甘蔗糖磨细拌在一起，用芭蕉叶包起蒸熟。口感软糯，味甜且有糯萦花和芭蕉叶的香味。

在傣家，不仅米饭是糯的，连版纳小苞谷也是糯的，这种特殊风味和外形的玉米品种，因为在西双版纳茶山中种植，远离市区、普通农田，空气绝佳，自然山泉灌溉，绝少病虫害，在玉米生长过程中不用喷施农药，有机种植，生产出来的糯小玉米口味纯、香、糯、甜，皮薄无渣。

开味碟

傣家水腌菜：
主料：冲菜
调料：食盐、味精
辅料：小米辣、小芫荽、姜蒜茸
韭菜根：
主料：韭菜根
调料：食盐、味精
辅料：小米辣、小芫荽、姜蒜茸
制作方法：先将腌制好的冲菜及茎菜改刀入盐，味精、姜蒜、小米辣、芫荽拌均匀装盘即可。
特点：味咸鲜、开味、微酸辣适中。

牛腱包薄荷汤锅

主料：牛腱包
调料：食盐、味精、胡椒粉
辅料：小米辣、薄荷、荆芥、香柳
制作方法：先将牛腱包改刀入锅中氽熟去杂质，放入草果、八角、花椒籽、大蒜姜等熬6小时后即可。
特点：牛肉软糯鲜美，老少皆宜。

傣味烤乳猪

主料：小乳猪

调料：傣族花椒、草果、八角、味精、食盐

辅料：小番茄

制作方法：先将乳猪改刀煮熟，用乳猪盐腌渍入味，然后用炉烘干备用。另起炭火将乳猪放在专用叉上，摇转烘至皮脆色红即可，斩件码盘点辍。

特色：色泽红润，皮脆肉香、入口即化、香辣酥脆。

版纳小耳杂猪凉片

主料：小耳朵猪后腿肉300克
调料：食盐、味精
辅料：黄瓜、小番茄
制作方法：先将小耳朵猪后腿改刀成宽5厘米、长10厘米的块，入高汤，加姜、葱、胡椒粉、盐、味精、煮60分钟后捞出滤干水分，切成薄片装盘，用黄瓜、小番茄点辍即可。
特点：肉香皮糯、肥而不腻，原汁原味。

主料：基围虾
调料：盐、味精、柠檬汁
辅料：洋葱、白芹、大芫荽、香柳、小米辣
制作方法：先将虾去头、去皮、去虾线，洗净后从背部改刀待用，取一圆盘将碎冰用锡纸包好，黄瓜围边待用，将改刀好的虾尾朝盘边处依次摆好。取一碗，用大蒜、小米辣、芹菜、洋葱、大芫荽、香柳，金芥、柠檬、盐、味精、苹果醋、白米醋、调味，浇在虾身上即可。
特点：味酸辣可口、柠檬香味浓郁。

傣味基围虾

曼飞龙烤鸡

主料：小仔鸡1只
调料：食盐、味精、傣族花椒、八角、胡椒粉、辣椒粉
制作方法：1.先将净鸡改刀，去掉鸡爪、入调好的酱油水中腌渍60分钟；
2.用烧烤夹夹住仔鸡，烤至两面金黄，洒上辣椒面，刷油复烤至熟，然后斩件装盘。
特点：色泽红亮，味鲜肉嫩。

柠檬舂干巴

主料：牛干巴300克
调料：食盐、味精、柠檬汁、大芫荽、荆芥、香料
制作方法：1.先将牛干巴烤熟，刷油敲松，复烤撕细待用；
2.取烤熟的大蒜、姜、小米辣、葱捣烂加入干巴再舂、放入柠檬水拌匀装盘。
特点：酸辣鲜香，酥软开胃。

香茅草烤鱼

主料：罗非鱼一条
调料：傣族花椒、食盐、味精、辣椒面
辅料：香茅草
制作方法：1.先将罗非鱼刮去鱼鳞，去鱼鳃，从背脊清除内脏，取盐、辣椒面均匀抹在鱼上，腌渍30分钟后备用；
2.用烧烤夹夹住腌好的鱼（肚内填入香茅草），烤至鱼肉熟时刷油，反复烤到金黄色时装盘即可。
特点：鱼肉鲜嫩爽口，香辣适中。

包烧白参

主料：白参200克
调料：食盐、味精
辅料：小米辣、姜蒜茸、大芫荽、香柳、荆芥
制作方法：干白参水发备用，取锅入油下姜蒜末、小米辣炒香后入白参，翻炒至熟后加入切好的香柳、荆芥、大芫荽炒香，取一块芭蕉叶将白参包住，放烧烤夹夹中，烤至芭蕉叶微有焦煳状即可。
特点：微酸鲜香，粗纤维丰富。

牛皮喃咪

主料：牛皮200克
调料：食盐、味精
辅料：番茄、小葱、小米辣、姜、蒜
制作方法：1.牛皮去掉肉和油，刮干净后煮熟捞出，刮去表皮与内层油，切成条晒干备用；
2.取锅入色拉油，冷油下入牛皮，反复用炒勺浇淋牛皮，待牛皮膨胀泡脆即可，与番茄喃咪一同上桌蘸食。
特点：牛皮酥脆，辣爽可口。

主料：黄瓜、水香菜、刺五加
调料：食盐、味精
辅料：番茄、蒜、小葱、小米辣
制作方法：把洗净的蔬菜改刀成段备用，再将番茄、小米辣、大蒜、姜、葱、用炭火烧熟刨皮捣烂成酱后放入调料。
特点：喃咪蘸食蔬菜，辛香回甜，独具风味。

喃咪时蔬

酸巴菜

主料：小苦菜
调料：食盐、味精
辅料：番茄、小米辣、姜蒜茸、大芫荽、荆芥、香柳
制作方法：先把洗净的小苦菜改刀成段入锅中，加入番茄、油渣、红糖等一起煮至小苦菜色变黄，起锅入猪油、蒜茸炒香入酸巴菜，淋上白醋，撒上大芫荽、香柳、金芥等即可。
特点：微味酸甜、辛辣。

版纳小苞谷

主料：小苞谷

制作方法：去壳洗净改刀成段，放入蒸箱，蒸40分钟即可。

特点：口味纯、香、糯、甜，皮薄无渣。

糯米饭青苔

主料：糯米、青苔

调料：食盐、味精

辅料：蒜茸

制作方法：将糯米淘洗浸泡1小时后把水滤干，放入木制蒸饭工具内，蒸熟后待用；将青苔用微火烤脆揉搓细待用；取锅入油少许，加蒜苗炒香，入青苔，调味即可。

特点：养颜美容，醮食糯米饭好伴侣。

菠萝紫米饭

主料：紫米、菠萝外壳

配料：菠萝肉、白砂糖

制作方法：把紫米淘洗浸泡1小时后把水滤干，放入木制蒸饭工具内蒸熟后待用；将菠萝肉切成颗粒，和蒸熟的紫米饭加入配料搅拌均匀装入菠萝内，一个外形完整美观的菠萝饭就展现出来了。

特点：酸甜可口，清香美味。

德宏·景颇绿叶宴

研发制作：德宏州瑞丽市荣丰勐卯宴　李增良

德宏·景颇绿叶宴　菜单

拌岩姜
春小苦籽
马蹄菜拌云虫
景颇鬼鸡
块菌羊肚包烧虾
景颇包烧鱼
火烧牛苦胆
竹筒烧沙秋鱼
景颇烤肉
手撕干巴
景颇三色饭
景颇杂菜汤

德宏·景颇绿叶宴

绿叶宴，这是一个散发着清新气息又打动人心的美丽名字。“绿”，是景颇山寨永恒的主题，登上高高的景颇山寨，就走进了一个绿色的世界，那大片大片青翠欲滴、浓淡相宜的绿，定能使你神清气爽，一身轻松。景颇族餐桌上闻名遐迩的绿叶宴，是一段一试难忘的绵长思念。

“绿叶当碗手抓饭，烧炸舂烤味道香，山珍野味样样有，凉拌鬼鸡辣得爽；竹筒舂菜拌葱香，火烧干巴脆又香，绿叶包肉最独特”。在这样的炎炎夏日，若偶然得见青山里宛若风帆随风摇摆的芭蕉叶，或是在席间吃鱼腥草时恰巧又有炸花生，一种来自味觉的怀念便油然而生，叫我想起千人围坐桌畔的那餐独特的景颇绿叶长街宴。

那时，春日里的气候还不似夏日这般炎热，落日的余晖把一切都镶上了一道金边。伴着景颇小伙们的迎宾舞，喝下景颇姑娘敬上的香甜水酒，我们走进芒市勐巴娜西公园，落座于绿色长龙般延伸而去的长街宴当中，和近1800人共同享用了景颇山寨中既古朴又带点野性的名宴——绿叶宴。绿叶宴吃的是山里采来的野生菜、野生果，用餐的地点也是在山野之间，称得上是原汁原为味、地地道道的“绿色食品”。

只见桌下的“地毯”是清香四溢的新鲜松毛，桌上铺着的“桌布”是宽大翠嫩的芭蕉叶，每人面前都有一个用芭蕉叶包裹、用麻绳系紧的绿色“包裹”。景颇绿叶宴不用碗筷等通用餐具，我们把手洗干净，等待吉时开席。元代李京在《诸夷风俗》中记载的“食无器皿，以芭蕉叶籍之”和明代《景泰云南图经志书》中记载的“食不用筷，捻成团而食之”，是对绿叶宴最好的注解。大方好客的景颇族同胞在大竹筒里灌满了甘甜的水酒，任人取饮；橙色的橘子、红色的苹果、黄色的香蕉装点在绿色之间，格外显眼，惹人食指大动。

在翠竹和榕树的掩映下，一只只美丽的蓝孔雀漫步其间，炊烟里的斜阳将最后的光芒投射下来，碎成一地金黄。吉时一到，800米长的宴席正式开“吃”。我怀着拆开礼物的期待，慢慢打开了面前的“绿色大礼包”。只见里面还有六个小“礼包”，都是用大小不一的芭蕉叶包裹着，打开以后分别是洁白莹润的米饭、景颇鬼鸡、烤干巴、揉野菜、舂鱼腥草和一个带壳的水煮蛋。

景颇绿叶宴吃的米饭很有讲究，它不是电饭锅或蒸笼蒸煮出的饭，而是用竹筒烧出的竹筒饭或用鲜鸡汤做出的鸡粥。我们这次吃的是用德宏当地生产的遮放贡米制成的竹筒饭，米饭粒粒分明，香甜弹牙，口感甚好。搭配米饭的凉拌马蹄菜是人们从田埂、河沟边采来洗净后，拌上辣子、酸茄、豆豉、食盐等佐料，用竹筒拌好即可取食的美味，是景颇族同胞最喜爱的一道菜，风味浓郁，入口留香。用当地的野生鱼腥草

景颇绿叶宴

与捣碎的花生末拌在一起的舂菜，甘香爽口，据说还有消炎解毒的功效，是非常下饭的一道菜。火烧干巴也是景颇人的一道名菜，用黄牛肉烧烤焙干后用木棒捶打制作而成的火烧干巴，香脆诱人。

说起景颇佳肴，焖菜、烧烤、竹筒、煮杂、舂菜、拌菜、鬼鸡等景颇菜品，皆是最正宗的景颇美味。景颇菜贵在原汁原味原生态。主要菜肴有景颇鬼鸡、绿叶包烧的鱼类肉类、竹筒烧肉和烧鱼、揉野菜、舂筒菜、煮山珍野菜等。在诸多菜肴中，舂筒菜是景颇菜中最富特色的，其舂制的工具必须是竹筒和木棒。从景颇人的“舂筒不响、吃饭不香”的谚语中，便可见舂筒菜在景颇族菜肴中所占的位置。舂菜名目繁多，或煮熟后舂，或生舂，主要佐料有金界、生姜、大蒜、辣椒、香柳等。几乎所有的动植物都可制作舂菜，肉菜有牛干巴、鳝鱼和沙鳅鱼等，需烤熟烤干；植物类中多为野生，有苦子果、各种青豆、鱼腥草、马蹄菜等，那辣中带香、香中微苦，苦中有甜的滋味，使食者无不绝口称赞、胃口大开。

按照景颇族同胞的习惯，“没有蔬菜，不能吃饭”，说明蔬菜在饮食中占有相当重要的地位。各种当地盛产的蔬菜不仅入菜，也烧汤。绿叶宴中的汤主要有木瓜汤，干腌菜末汤，干酸笋汤，酸笋沙虫鸡蛋汤，酸笋煮嫩牛肚子果汤，苦纤纤煮酸笋汤，酸笋煮南瓜尖、丝瓜尖、山药尖等杂菜汤。调料主要有豆子、辣子、酸茄、西红柿、姜、葱、缅芫荽等。以酸为主微辣为辅的景颇汤品消暑润喉，热汤下肚，流一身很快被风带走的汗，浑身舒畅。

在景颇菜中，最让人垂涎又生畏的菜莫过于景颇鬼鸡。以酸辣著称的景颇鬼鸡因其独特的风味吊足了人们的胃口，却也让惧酸怕辣的人们望而生畏。据一旁的景颇老大妈介绍，景颇族历史上就有杀鸡祭鬼的习俗，“鬼鸡”就是供祭献鬼后，景颇族人将煮熟的鸡晾凉后撕碎，在野外佐以剁碎的姜蒜、缅芫荽、柠檬叶等天然配料，再配入食盐、味精、酱油等调料而制成的景颇特色美食。景颇人家吃“鬼鸡”意在求平安顺心，绿叶宴中宴请宾客用“鬼鸡”，意在祝福宾客平安吉祥。果然，带着柠檬香的“鬼鸡”酸辣可口，生津止馋，鸡肉细嫩有嚼劲，酸辣中不失回甜，让人回味无穷。

景颇绿叶宴

寓意吉祥的“鬼鸡”，让在座的八方宾客都感受到了景颇人民的深情祝福。

景颇族人民从未忘记他们的祖先是从大自然中而来，斗转星移经历了沧桑巨变，从水草肥美的西北迁徙南下，经历了火与水的重重考验，定居在这天蓝地绿，山清水秀的孔雀之乡，他们深知人类的一切生存都离不开自然生态和绿色环境。因此，景颇人的衣食住行都体现着对绿色的崇尚、对自然的尊。绿色的景颇长街宴、绿色的环境、餐具、菜肴无一不给我留下深刻印象，在品尝景颇绿叶宴的同时，我对这个民族产生了由衷的敬佩。景颇族人民热爱自然、尊重自然，与自然水乳交融、和谐共处；景颇族先辈传下的绿叶宴是尊重和享受自然馈赠的最佳范本，所留下的景颇佳肴和美食文化是一代代景颇人的宝贵财富。

拌岩姜

主料：岩姜

辅料：小米辣5克，大香菜10克，小香菜、树番茄、水豆豉各5克

调料：食盐

制作方法：岩姜去皮切丝，树番茄切碎，小米辣切碎，加入盐、大香菜10克、小香菜、水豆豉拌匀装盘即可。

特点：岩姜是一种食疗两用食材，经常食用有补肾强骨，续伤止痛等功效。中医中经常用于肾虚腰痛，耳鸣耳聋，牙齿松动，跌扑闪挫，筋骨折伤等疾病。

舂小苦籽

主料：野生小苦籽200克

辅料：小米辣、大香菜、香柳、姜末、蒜末、烤熟核桃仁各5克

调料：食盐、白糖

制作方法：小苦籽入锅内煮熟，用冷水冲凉沥干水分入舂筒；小米辣、大香菜、香柳切碎放入舂筒；姜末、蒜末、核桃仁、盐、白糖一起加入舂碎拌匀，装盘即可。

马蹄菜拌云虫

主料：新鲜竹虫200克

辅料：马蹄菜、小米辣、大香菜、香柳、姜末、蒜末各5克

调料：食盐

制作方法：将马蹄菜、小米辣、大香菜、香柳切碎，加入姜末、蒜末、食盐拌匀腌制备用。竹虫过水，入油锅内炸酥炸香起锅备用；将炸好的竹虫加入马蹄菜内拌匀装盘即可。

操作要领：马蹄菜必须提前腌制，竹虫上桌前再加入拌匀，否则马蹄菜不如味，竹虫不酥脆。

主料：土鸡500克
辅料：茎菜根、大香菜、小米辣、香柳、柠檬、蒜末、姜末各5克
调料：食盐
制作方法：1.土鸡宰杀洗净，去除内脏，用盐腌制入底味，再放进蒸箱蒸熟取出，自然放凉。然后把鸡身上的肉全部撕下来备用。
2.小米辣，茎菜根，香柳，大香菜切细，最后把撕好的鸡肉盛在盆中，加入小米辣，茎菜根，香柳，大香菜，蒜末，姜末调味，注入少许柠檬水拌匀装盘即可。

景颇鬼鸡

块菌羊肚包烧虾

主料：红虾20只、黑块菌1个、新鲜羊肚菌20朵
辅料：小米辣5克、大香菜10克、茎菜根10克、野葱头10克、大蒜克、芭蕉叶2张、猪油5克、葱姜水少许
调料：食盐3克、胡椒粉2克
制作方法：1.红虾去头，从背部切开去虾线洗净。葱姜水加盐，放入虾腌制5分钟捞出备用；
2.小米辣、大香菜、茎菜根、野葱头、大蒜全部切碎，加入盐、胡椒粉、猪油拌匀备用；
3.块菌切颗粒状备用。把拌好的料分出一半装入洗好的羊肚菌内。将腌好的虾头朝里逐一填入装好料的羊肚菌内；
4.芭蕉叶火上烤一下，把装好的虾整齐摆放在芭蕉叶上，将剩余另一半料盖在虾上，撒上切好的块菌粒，包好芭蕉叶，小火慢烧至熟即可。
特点：此菜使用景颇族特有的烹饪技法，选用海鲜和野生菌作为主料，成菜色泽美观，口味独特，菌香浓郁。

主料：新鲜罗非鱼500克

辅料：茎菜根、小米辣、大香菜、香柳、老虎姜、芭蕉叶各10克

调料：食盐

制作方法：罗非鱼宰杀去内脏洗净，用盐腌制。茎菜根、小米辣、大香菜、香柳、老虎姜切成末，装进鱼腹内，用芭蕉叶包好，入炭火内小火烤熟即可。

景颇包烧鱼

火烧牛苦胆

主料：牛苦胆1个、牛里脊肉末500克

辅料：芭蕉叶、小米辣、荆芥、香柳、大香菜、姜末、蒜末各8克

调料：食盐、味精、胡椒粉、傣族腌菜膏

制作方法：1.将小米辣、荆芥、香柳、大香菜切碎，放入牛里脊肉末中，加入姜末、蒜末拌匀，再加入盐、味精、胡椒粉调味备用。

2.牛苦胆从开口把将苦汁倒出，不用倒干净，把调味后的牛肉末装入苦胆内，扎好口，用芭蕉叶包好。

3.把包好的牛苦胆放到栗炭火里，微火烧制，20分钟后取出，打开芭蕉叶，用鸭针在牛苦胆周围扎针放气，再用芭蕉叶包好，入微火内烧30分钟至成熟。

4.把烧熟的牛苦胆打开芭蕉叶放凉切片，配腌菜膏上桌即可。

特点：此菜清香微苦，苦胆有清肝明目，利胆通肠，解毒消肿等功效，长期食用对消化不良，慢性胃炎也有一定的疗效。

主料：黄牛肉800克

调料：白酒、食盐、花椒、辣椒、茴香籽面

制作方法：1.将净瘦牛肉切成宽4厘米、长20厘米的肉条。用白酒分数次擦在肉面。用盐、花椒、辣椒、茴香籽面混合，撒在牛肉面上，用力搓揉，后将肉条放入陶罐内压实封口，腌渍2天；

2.取出腌好的肉条，挂在锅架上方的炕笆上，利用火塘烧柴后的余热，慢慢烘烤。烤至肉色由红变褐，溢出香味为止，取下挂在火塘边的竹篱笆墙上备用；

3.食时，取下牛干巴，入温水中刷洗干净，用芭蕉叶包住埋入灼烫的柴灰中，焐约半小时取出，去芭蕉叶，将肉条用砍刀背反复捶打，使干巴的纤维纵向分离，再用刀横切成3厘米长的小段即成肉松，入碗上桌。

手撕干巴

竹筒烧沙秋鱼

主料：沙秋鱼800克

辅料：老虎姜、苤菜根、香柳、小米辣、大香菜、大蒜、竹筒、柏樟叶、芭蕉叶各50克

调料：食盐、胡椒粉

制作方法：1.沙秋鱼放入食盐水内吐去泥沙清洗干净，入锅过水备用。将老虎姜、苤菜根、香柳、姜、小米辣、大香菜、大蒜切碎，放入沙秋鱼，加盐、胡椒粉拌匀腌制；

2.竹筒内加入少许清水，沙秋鱼用柏樟叶包好放入竹筒内，最后用芭蕉叶把竹筒口塞紧，入小火内烤熟即可。

注意事项：竹筒内清水不能加入太多，烧制时看到竹筒口汁水涨开后2分钟菜品已经成熟，烧制时间太长影响口感。

主料：五花肉700克

辅料：姜10克

调料：草果粉、花椒面、蜂蜜、细辣子面、小米辣、食盐、味精、白糖、腌菜膏各5克

制作方法：1.把五花肉切成大厚片，姜切丝，小米辣切碎，加入盐，味精，白糖，胡椒粉，草果粉，花椒面，蜂蜜，细辣子面，精炼油拌匀腌制半小时；

2.把腌好的五花肉用烧烤夹夹好，放在栗炭火上小火烤制成熟，切条装盘，配腌菜膏上桌即可。

注意事项：蜂蜜不能放太多，不然烤出的肉颜色太黑，影响食欲。花椒粉微微放一点，不能吃出麻味。

景颇烤肉

景颇三色饭

主料：紫米、香米、糯米各200克
辅料：黄花、干巴末、小米辣、大香菜各5克
调料：白糖、食盐
制作过程：紫米加入少许糯米淘洗后浸泡数小时，然后上笼蒸熟后加糖拌匀，制成紫米饭圆子。2/3香米淘洗后浸泡数小时上笼蒸熟，取一半直接制成白饭圆子，另一半加干巴末、小米辣、大香菜、盐制成干巴饭圆子。1/3香米淘洗后浸入黄花花液中泡数小时滤出，上笼蒸熟成紫米饭圆子，装盘即可。

德宏·景颇绿叶宴

景颇杂菜汤

主料：洋瓜尖、象鼻菜、水芹菜、水香菜、白花尖、香丝叶、金针菇、木耳各50克
辅料：小米辣、豆豉、树番茄各5克
调料：食盐
制作过程：将各类野菜捡洗干净。锅内注入清水烧开，加入野菜、小米辣、豆豉、树番茄煮熟，入盐调味即可。

迪庆·香格里拉三锅庄宴

研发制作：昆明香格里拉三锅庄饭店　田兴荣　吕俊延

迪庆·香格里拉三锅庄宴　菜单

凉菜	藏家四冷碟 香格里拉炸三拼
头汤	牦牛筋尾养生汤
热菜	迪庆羯羊凉片 藏乡老火腿 香格里拉牦牛干巴 维西风味腊排骨 三江源小炒肉 雪山羊肚菌蒸蛋 七彩洋芋 香煎鸡豆粉 香格里拉素三鲜
面点	酥油煎奶渣丸子 青稞饵块拼盘
热饮	酥油茶

迪庆·香格里拉三锅庄宴

三锅庄是藏族制餐之灶，也是藏族家庭活动中心，不仅用于煮饭、取暖，还是待客、议事、交谈娱乐的地方。没有刻意的雕琢与摆盘，全凭天然食材的生态和美味，加上厨师精心的烹饪与别具巧思的制作工艺。这些来自藏族、普米族的特色风味美食将“家宴”般亲切熟悉的感觉带给客人。青稞精酿与尼西黑陶，现代与古老的对话，与这些养生补益的美食宛如天生搭档，风味与气氛俱佳。

香格里拉三锅庄

藏家四冷碟

主料：高黎贡山原始森林树花、野生黑木耳、雪山如意卷、土法腌制红蔓菁丝
制作方法：取适量清理去涩，加一定配比的柠檬、野生香菜、江边尖椒等调味料，充分搅拌融和均匀。
特点：回归原始生态、纯天然粗纤维，可有效清洁人体血管细胞壁，降压、降脂，土法冷菜制品。

香格里拉炸三拼

主料：牦牛干巴、牦牛肠、高原白芸豆
制作方法：油酥。

牦牛筋尾养生汤

主料：香格里拉牦牛大筋、维西土鸡、牦牛尾巴各200克
辅料：菜籽油、食盐、秘制调料各适量
制作方法：放入山泉水，温火慢炖10～12小时。
特点：酥香嫩滑，味鲜利口，有益气补虚，温中暖肾之作用。

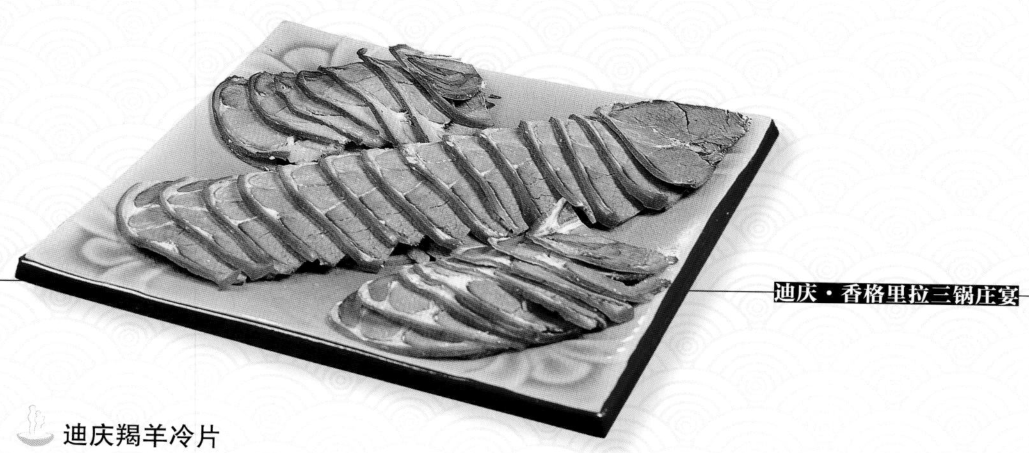

迪庆羯羊冷片

主料：维西山林纯放养的羯黑山羊肉800克、秘制调料

制作方法：放入山泉水，温火慢炖4—5小时。

特点：耐高寒、肉质紧凑、膻味淡、脂肪含量低，有补血益气，提高抗病免疫力之作用（特适宜产中妇女）。

藏乡香猪老火腿

主料：维西农家自制2年以上老火腿600克、秘制调料

制作方法：放入山泉水，温火慢炖5个小时。

特点：纯香爽口，阿妈的味道。

主料：香格里拉牦牛干巴500克、江边干辣椒

辅料：油、食盐、秘制调料

制作方法：把食材放入适合的油锅中爆炒。

特点：脂肪含量低、热量高，有增强人体抗病力细胞活力作用。

香格里拉牦牛干巴

主料：维西三锅庄生态园土法腌制风干排骨700克

辅料：青尖椒、食用油

制作方法：一定配比放入油锅中爆炒。

特点：微辣酥香，骨质回味，不赶水。

维西风味腊排骨

主料：来自彩云之南原始深山的密架山猪肉400克
辅料：食用油、青蒜苗、江边椒
制作方法：按一定配比，放入油锅爆炒。
特点：酥软鲜香，口味滑嫩。

三江源小炒肉

雪山羊肚菌蒸土鸡蛋

主料：维西深山野生羊肚菌、维西土鸡蛋各200克
辅料：食盐、青刺果油
制作方法：混合、搅拌均匀，放入蒸箱蒸。
特点：有明目、益肠胃、助消化，化痰利气提神之作用。

清炒高原七彩洋芋

主料：来自海拔约4100米的高原紫洋芋400克
辅料：江边辣椒、家常小葱、食用油
制作方法：按一定配比放入油锅中爆炒。
特点：有和胃、调中、健脾、益气之功效。

香煎鸡豆粉

迪庆·香格里拉三锅庄宴

主料：鸡豆粉300克
制作方法：切成方正的块，在平底锅中两面煎黄，在加上麻、辣、酸各种佐料即可食用。
特点：富含黑色素，具有降低血糖，调理温性、通阻滞功效。

香格里拉素三鲜

主料：来自高黎贡山野生黑木耳、维西土山药、家常菜豌豆
辅料：维西青花椒、自制土猪化油、食用盐
制作方法：一定配比放入油锅中爆炒。
特点：入口嫩滑清脆，有调胃、洁肠、益气之功效。

酥油煎奶渣丸子

主料：香格里拉格咱原始牧场酸奶渣500克
制作方法：放入油锅中温火慢煎。
特点：原始脱脂、脂肪含量低，土法发酵乳制品。

青稞饵块拼盘

主料：青稞饵块、籼米饵块、燕麦饵块

制作方法：按一定配比放入油锅中慢火温煎。

特点：青稞有清肠，调节血糖，降低胆固醇之效；籼米有调理肠胃，对消化不良有缓解和预防作用；燕麦有肠道清道夫的美誉。

酥油茶——水汽粑粑

酥油茶：

主料：香格里拉格咱原始牧场酥油、普洱砖茶、野生黑桃仁等。

制作方法：用酥油茶桶取适量酥油、加一定配比的普洱茶水、盐、黑桃仁、花生、芝麻充分搅拌融和。

特点：原始脱脂、脂肪含量低，健体耐寒，土法制作奶制品。

水汽粑粑：

主料：香格里拉青稞面粉、小麦面粉。

辅料：小苏打、山泉水。

制作方法：一定配比的青稞面、小麦面、加小苏打、山泉水和面，搓揉至硬软恰好，拉扯起丝为佳，接着再通过小铁锅炕、水汽蒸制而成。

特点：原始本味、富含粗纤维，具有平衡血糖，疏通肠道之功效。

昆明·鲜花宴

研发制作：云南炊花厨餐饮管理有限公司·尚品味道　陈生合

昆明·鲜花宴　菜单

凉　菜　采山花（鲜花深海刺身）
开花结果
兰香桃仁
核桃花拌鸡丝

热　菜　东篱菊
蜂恋花
一萼红
石斛花煲排骨
腊味芭蕉花
桂花鲈鱼
野菌百花
杂粮棠梨花
云腿霸王花
桂花乳扇
点绛唇

面　点　鲜花摩登粑粑

主　食　菊花小锅米线

饮　料　玫瑰花醋

水　果　满庭芳

昆明·鲜花宴

花卉，大自然对人类最美好的恩赐，美丽的花卉不仅可鉴赏，有些花还可食用和保健。赏花，姹紫嫣红令人心醉；吃花，味美花香沁人心脾，别有一番滋味。2000多年前，中国古代大诗人屈原吟唱出“朝饮木兰之坠露兮，夕餐秋菊之落英”的佳句，

昆明鲜花宴

或许是中国最早的关于“食花”的文字；唐代，人们就把桂花糕、菊花糕视为宴席珍品；宋代，苏东坡喜用松花制作食品；清朝，慈禧为美颜养身、常以鲜花为食；清代《餐芳谱》中就详细叙述了20多种鲜花食品的制作方法。

云南因独特的地理气候，各族人民自古就有用花入药、以花为宴的习俗。据科研机构测定，鲜花含有22种人体所需的氨基酸及丰富的蛋白质、淀粉、脂肪，并含有维生素A、B、C及铁、镁、钾、锌等微量元素，具有一定的药用和保健功能。云南可食用的花卉很广，常见的有玫瑰、月季、荷花、槐花、梨花、桃花、杏花、核桃花、石榴花、百合、扶桑、紫苏、木槿、栀子、牡丹、芍药、梅花、桂花、茉莉、兰花、黄花、芙蓉、菊花、金雀花、鸡蛋花、金银花、石斛花等。在这些“花菜”中，食用玫瑰花的吃法多且普遍，花谚有“玫瑰花香味浓，制作甜羹和月饼”“玫瑰花汁菜中添，玫瑰芳香味道鲜”“玫瑰花玫瑰酱，经年香味不变样”等描述。

“昆明鲜花宴”中，兰香桃仁、蜂恋花、东篱菊、点绛唇等花菜让鲜花保留盛放之姿，又平添风味；一萼红虾球、石斛花煲排骨、核桃花拌鸡丝、桂花鲈鱼、玫瑰摩登粑粑、菊花小锅米线等花菜又以鲜花食材结合昆明传统佳肴，口感清淡，营养丰富。鲜花宴大厨通过精心设计和独到的烹饪技法，让一整张餐桌浓缩了春城花香，搭配玫瑰花醋、满庭芳等鲜花小食，让食客舌尖心头俱是满满春意。

昆明·鲜花宴

鲜花深海刺身

开花结果

用料：康乃馨10支、金雀花5克、茉莉花3克、兰花5克、杏仁30克、白果20克、花生30克、鸡蛋1个、面粉10克

制作方法：将上述原料分别用四成油温炸酥装盘即可。

昆明·鲜花宴

核桃花炝鸡丝

功效及介绍：核桃花即核桃花桂又称核桃组，长寿菜、龙须菜。含有丰富的磷、脂，有益于增强人体细胞活力，促进人体造血功能，能有效地降低血脂、胆固醇，预防动脉硬化。鸡选用无量山正宗放养土鸡，它是蛋白质含量最多的动物食物，富含铁质。由于含脂肪少，易消化。有益五脏、健脾胃、补虚亏、强筋骨及美容等功效。

用料：无量山土鸡一只（1.3千克）、核桃花50克、食盐5克、味粉2克、鸡粉3克、辣鲜露5克、花椒油3克、芝麻油3克、红油20克、蒜末5克、葱姜各5克、葱花适量、炒香白芝麻适量

核桃花产地：大理漾濞

制作方法：1.取鲜嫩的核桃花切成小段，下锅炒香装盘底备用；

2.用小汤桶加清水调味、加葱姜烧开放入鸡煮10-12分钟捞起。冷却后取一半鸡肉去骨，改成条铺在核桃花仁上；

3.用拌盆下盐、味精、鸡精、辣鲜露、美极鲜、花椒油、芝麻油、蒜茸、红油、搅匀，从鸡表面浇上汁水、撒葱花芝麻即可。

兰香桃仁

功效及介绍：桃仁具有健脑、温肺、补肾、益肝、强筋，壮肾、润肠等功效.兰花主要生长在树干或枝杈上，依附于苔藓、腐殖质生长，集中分布在热带地区，所以也叫作热带兰，常见的品种有长特兰、万代兰。

用料：去皮桃仁300克、麦芽糖50克、大红浙醋10克、兰花瓣20克、蜂蜜5克、沙拉酱8克、橙子50克

桃仁产地：大理漾濞核桃

制作方法：1.取剥好的桃仁用水浸泡2—3分钟去除杂质，捞起滤水；

2.锅里下油，烧至六成热，倒入桃仁，小火炸至酥脆起锅备用。锅里加少许清水，再加麦芽糖、红醋、小火加热产生小气泡，倒入桃仁翻炒，糖汁均匀地挂上桃仁即可出锅；

3.橙子切片铺在盘子中间，成一个圆形，挤上沙拉酱、摆上兰花，然后把炒好的桃仁装在中间，堆成金字塔形状，挤上蜂蜜即可。

东篱菊

材料：平头菊、鸡蛋一个、面粉

制作方法：1.先将食用平头菊清洗干净、消毒，晾干水分；

2.高精面粉和鸡蛋液调成脆浆糊；

3.菊花挂满脆糊，在六成油温中炸至表面金黄即可。

中国自古就有食用菊花的习惯，《离骚》有“朝饮木兰之坠露兮，夕餐秋菊之落英”之句。汉朝《神农本草经》记载：“菊花久服能轻身延年”，晋代陶渊明说“采菊东篱下，悠然见南山”，菊花在诗人笔下代表高洁，怡然自处的品格。一朵朵金黄的菊花高低错落，不矫揉不做作，保持着最初盛放的样子。

蜂恋花

用料：选重瓣优质玫瑰12朵、大小均匀的椰子虫12只、青红椒三粒料2克、味极鲜2克、胡椒粉1克

制作方法：将玫瑰花去花蕊，清洗干净待用，椰虫放入油锅中炸至金黄酥脆；炒锅留底油，炒香三粒料；加入炸好的椰虫，放入味极鲜、胡椒粉调味，把炒好的椰虫放入玫瑰花心中装盘即可。

功效及介绍：玫瑰花是蔷薇科属灌木，为香料植物，含有丰富的维生素C、氨基酸、可溶小生糖、生物碱和钙。鲜活竹节虾具有美肤、亮肤、减肥、防止疾病、疏肝理气等功效，虾营养丰富，具其肉质松软易消化，同时含碘和硒、热量、脂肪较低，具有很高的食疗营养价值，有补肾、养血、益气、滋阴等功效。

用料：鲜虾200克、玫瑰花30克、肥膘肉30克、蛋清10克、吐司粒200克、食盐3克、味精3克、干粉3克、番茄沙司30克、大红浙醋5克

制作方法：1.玫瑰花瓣清洗干净备用，鲜虾去壳，挑去虾线并清洗干净；
2.取肥膘肉一小块切细，加虾茸，再加入玫瑰花瓣（切细）拌匀，调味，搓成球，裹上切好的土司粒；
3.锅里烧油至七成热，下虾球，用小火炸至金黄色装盘；
4.锅里留底油，下番茄沙司、大红浙醋、白糖炒香，冒大气泡起锅，浇在装好盘的虾球上即可。

一萼红

功效及介绍：石斛花适合有精神性失眠、暑性不适、躁动不安者或作为日常养颜清心之用，具有益精补内绝不足，平胃气、长肌肉、逐皮肤邪热病气、脚膝疼痛、冷、痹弱、定制除惊，补脾胃调阴阳、安神定心的功效。

排骨有很高的营养价值、入脾胃，肾经、补肾养血、滋阴润燥、滋肝阴、润肌肤、排骨富含铁、锌、肌氨酸，可强健筋骨。

用料：小排500克、食盐5克、味精2克、鸡粉3克、葱姜各5克

制作方法：1.选用大河乌猪排骨，砍成小段，清水漂30—40分钟去除血水；

2.取石斛清洗干净，改成段和排骨一起放入小紫砂壶内，加盐、鸡粉、味精、葱、姜调味，入蒸箱蒸制3小时左右即可出菜。

石斛花煲排骨

功效及介绍：西双版纳芭蕉花，味甘淡、性凉、具有化痰软坚、平肝和淤通经的功效。

用料：新鲜芭蕉花300克、五花腊肉200克、食盐3克、味精2克、鸡粉3克、高汤30克

制作方法：1.先把新鲜芭蕉花去掉花蕊浸漂一小时左右，去除苦涩味，用高汤小火煮20-30分钟，捞起备用；

2.五花腊肉烧洗干净、入汤桶煮熟捞出，冷却后切片铺在小碗边、然后把煮好的芭蕉花倒入碗中，蒸30分钟后扣入盘中，用高汤加食盐、鸡精、味精、调匀浇上即可。

腊味芭蕉花

功效及介绍：桂花辛、湿散寒破结、化痰止咳、用于牙痛、咳喘痰多、经闭腹痛、暖胃平肝、虚寒胃痛、去风湿、筋骨疼痛等功效。

用料：鲈鱼1条（750克）、桂花5克、番茄沙司200克、白砂糖50克、大红浙醋25克、甜辣酱15克、菠萝粒8克、洋葱粒5克、番茄粒5克、生粉30克、食用油200克

制作方法：1.取鲈鱼去头、去骨，将鱼改刀成片（不改断），直刀改成丝，裹上生粉，下油锅炸至金黄捞起摆入盘中；

2.锅里留底油，下菠萝粒、洋葱粒、番茄、白砂糖、炒香后再加入番茄沙司、甜辣酱、大红浙醋，用小火炒至冒大气泡后浇在鲈鱼上，撒桂花即可。

桂花鲈鱼

野菌百花

功效及介绍：鸡纵菌系野生食用菌之王，肉质肥厚鲜嫩爽口，营养丰富，蛋白质含量较高、含钙、磷、铁等多种营养成分，是体弱病后和中老年人的佳肴。大白花牡丹又名大白花、白豆花等，具有清热、利尿、止咳、化痰的功效。

用料：鸡纵150克、肉末100克、蒜末5克、煎蛋皮300克、韭菜15克、京白菜30克、食盐5克、鸡汁3克、鸡蛋清8克、鲍汁50克

制作方法：1.选用没有长开的鸡纵，清洗干净切成粒，加肉末、百花调味拌匀待用；
2.用平底锅在煲仔炉上加热，倒入一勺鸡蛋液，用小火煎成蛋皮备用；
3.将调好味的鸡纵粒混合物放在蛋皮中间，将其包起，用韭菜将口固定，放入蒸箱10—15分钟；
4.京白菜选用茎部，改刀煮熟，摆放盘边，取出野菌百花放在盘子中央；
5.锅里烧油，放入鲍汁、鸡汁烧开，浇在野菌百花上即可。

云腿霸王花

用料：霸王花250克、云腿10克、青蒜苗5克

制作方法：1.霸王花泡开洗净，切成粗丝，把肥瘦相间的云腿切丝，青蒜苗切丝；
2.炒锅放底油，加少许蒜苗炒香，放入云腿丝煸香，把霸王花丝放入翻炒，放入蒜苗丝调味即可。

杂粮棠梨花

用料：棠梨花150克、青麦粒100克、腌菜粒20克、鲜磨肉20克、面粉80克、玉米面20克、酵母3克

制作方法：1.将面粉和玉米粉制作成窝窝头待用；

2.炒锅下油，将磨肉炒香，放入捡洗干净的棠梨花和青麦粒及腌菜粒一起翻炒，调味，然后放入韭菜末；

3.将粗粮窝窝头蒸热，摆放在容器周边，然后把炒好的棠梨花装入窝窝头即可。

桂花乳扇

功效及介绍：桂花其香和而不猛，它还是一种珍贵药材，具有美容养颜、通经活络、软化血管、肝脾理气、暖胃的功效。

用料：大理乳扇250克、豆沙10克、桂花糖8克

制作方法：1.选用于大理上等乳扇改成片；

2.锅里烧油至七成热，下乳扇炸至泡起锅，用剪刀修剪成荷叶形状备用；

3.用条盘，将豆沙搓成条，围成圆形摆上乳扇、浇桂花糖即可。

用料：面粉200克、酵母2克、黄油1汤匙、牛奶2汤匙、鸡蛋1个、食用玫瑰10克

制作方法：将和好的面皮卷成卷，切成厚2厘米的段后压扁，放入平底锅煎至金黄，翻面时用锅铲按压，让粑粑更扁更有形。

摩登粑粑得由来：

“摩登”本是外来音译词，源自英语modern，是时尚、现代、合乎时兴的式样之意，却和昆明的粑粑结合的相得益彰，造就了这个美丽的故事。

鲜花摩登粑粑

昆明·鲜花宴

菊花小锅米线

用料：优质水洗米线50克、鲜猪腿磨肉3克、韭菜段2克、白菜2克、拓东酱油1克、拓东甜酱油2克、油辣子2克、猪油1克、高汤20克、鲜菊花10瓣

制作方法：将高汤放入锅内，放入腌制过的鲜肉然后将上述原料顺序放入，煮至翻滚即可。

昆明·呈贡七步场豆腐宴

研发制作：昆明茴香企业七步香

昆明·呈贡七步场豆腐宴　菜单

冷拼：滇味六味拼
呈贡豌豆粉
腐皮牛肉冷片
滇味凉豆腐
千页豆干凉火腿
卤豆腐
农家豆干猪耳

佐酒菜　炸三拼

头　菜　砂锅鱼头豆腐

大　菜　黄金豆片小麻鸭

招牌菜　云腿鸭油蒸臭豆腐

特色菜　地道云南

拿手菜　豆腐丸子炖土鸡

家常菜　三色豆腐

素　菜　黑芥时蔬黄豆腐

小　吃　现点豆花

主　食　滇味豆心破酥包
五彩果拼

昆明·呈贡七步场豆腐宴

豆腐，看似是最普通的食材，却是食材中最为多变、最富包容性的食材，它能激发出我们的无限想象。

七步场村制作豆腐的历史已有数百年了，其中最出名的莫过于呈贡七步场臭豆腐。毛长、色美、香浓，质地细嫩腻滑，风味纯正可口，让人吃了齿间留香，流连忘返。清康熙年间，传说康熙帝品尝之后大喜，便将七步场王忠的臭豆腐赐名为“青方臭豆腐”，列为“御膳坊”小菜之一。

世间有三苦，打铁、撑船、卖豆腐。七步场这个以臭豆腐而闻名的小村庄如今也在经历着从未有过的变化。据1992年版《呈贡县志》记载，“明洪武年间，七步场生产板豆腐、卤腐、臭豆腐，兴盛时加工豆腐者一二百户，名驰四乡……除省内销售外还远销香港、赞比亚、坦桑尼亚等地……”如今，随着时代的快速发展，人的心也越发浮躁。很多的复杂的传统工艺在追求高效的基调下没落了。机器逐渐替代了手工，人们恨不得几分钟就造出豆腐，做豆腐的手艺也渐渐消失。原本上百家人做豆腐，现在变为寥寥几家。家长们都希望自己的儿女远离做豆腐这个行业。而以前远近闻名的豆腐村，也渐渐没落。

七步场是一个有故事、有韵味的地方，七步场豆腐更是大家喜闻乐见、健康环保的“美味珍馐”，只是这个“珍馐”是要打双引号的，豆腐美味不假，工序手艺复杂是真。因其价格亲民、利润微薄，所以七步场的豆腐是一道谈不上“贵重”的大众美食。几百年来，作为人们舌尖上的美味，我们只希望它不会因为时代的变迁而逐渐消

七步场豆腐宴

失在人们的记忆里。

豆腐宴的推出，为的是让更多的人关注并了解这份日益消亡的传统手艺。在这个凡事讲求效率的时代，这一份充满温度的传统手工豆腐，或许更显得弥足珍贵……

冷拼：滇味六味拼

滇味六味拼包含凉拌呈贡豌豆粉、腐皮牛肉冷片、滇味凉豆腐、千页豆干凉火腿、卤豆腐、农家豆干猪耳六种云南传统凉菜组成，作为改良我们在这些凉菜中加入了七步场出品的豆制品，风味也更为独特。

时光几度变迁，不变的是民以食为天，六味拼是浓缩了云南饮食文化的民俗的风情画，它们朴质但是味道醇厚，正如这红土高原上的广大劳动人民一样。

佐酒菜：炸三拼

石屏豆腐、炸豆腐丸子、炸臭豆腐三道由豆腐加工而成的下酒菜，臭豆腐块，每个约一寸见方，小巧玲珑，在炭火上慢慢烧熟，一熟就鼓胀起来，酥松可口。烧时刷些油在豆腐表面，豆腐油黄油黄的，香气飘到很远，蘸以乳腐汁、烧煳辣子面、香菜末调成的汁或是辣椒面、食盐、花椒面、味精拌成的干料吃，往往有人一气吃数十个还不够，佐酒特妙。

七步场的臭豆腐好吃的原因：一、七步场有优质的天然水源；二、七步场有土生土长的优质黄豆；三、七步场人制作臭豆腐的工艺。

七步场人制作豆腐的工序较为复杂。要经过去杂豆，干磨脱壳，用水淘净，清水浸泡，干磨磨细，生烫，滤浆，煮沸，用酸水点制，上榨压干水分，划块分块层放于铺有洁净麦干的木格箱内，滤水、保温、换草、翻动，慢慢发酵成熟。待它们长出茸茸的银白色绒毛时，黄黄的豆腐就有了一种醉人的香气，这时就可以上市了。

头菜：砂锅鱼头豆腐

点滇池捕捞的鲢鱼鱼头和七步场豆腐简直就是绝配！只需清水，葱姜少许，辅以砂锅小火慢炖，半小时之后，便成一道美味，这道汤油润滑嫩，滋味鲜美，汤纯味浓，清香四溢，实在是冬令佳品。

大菜：黄金豆片小麻鸭

小麻鸭是宜良田间地头、河水里慢慢长大的土品种，它与北京鸭、樱桃谷鸭等外地引进的肉鸭品种不同，一只只有一斤多重，个头小、肥肉少、不油腻，养殖的时间长、烤出的鸭子外皮酥脆，内层丰满，肥而不腻，有一种特殊的香味。鸭子烤熟后，切片，以七步场豆腐皮油炸后垫底，香酥可口。

招牌菜：云腿鸭油蒸臭豆腐

蒸臭豆腐算是最简单的传统菜，蒸臭豆腐，“简单，易做”，但是在这之中也暗藏着玄机，蒸制时间长了豆腐的口感差，短了，豆腐又太生。如何掌握两者之间的中线是个问题。七步香把这根线把握的刚刚好，口感适中，豆腐软糯，味道浓郁，再配上三年发酵的顶级火腿和鸭油，吃一口实在是香。

相传呈贡七步场村，有一姓王的人家，母子二人相依为命，终年以做豆腐为生，后因老母劳累过度，抱病卧床不起，儿子王忠为老母四处寻医，五天一直不见老母病情好转，心急如焚。正当王忠在家里转来转去焦虑不安时，忽有一股异香扑鼻而来，王忠寻着香味找去，终于发现香味来自豆腐箱内。五天前做好的豆腐，由于忙着为老母寻医治病，忘了料理已做好的豆腐。现在，这些豆腐全部长满了细绒绒的白毛，绒毛尖上还顶着小水珠，绒毛下的一块块豆腐，鲜黄、晶润、诱人。王忠将豆腐用碗装好，放上油盐和辣椒面，然后放进锅里烝，蒸熟后，王忠将豆腐一块块地喂母亲。王母吃下毛豆腐不久，竟奇迹般地坐了起来，连吃数日，病就痊愈了。

特色菜：地道云南

由豆渣粉蒸肉、冬菜豆干扣肉、黄豆炖腐皮黑皮子、糖水八宝饭以及萝卜炖泡皮五道组成，这五道来自于云南民间老传统杀猪菜“土八碗”中的五道，所用的原料都是绿色生态的地道土产，味道香醇。加工方法原生古朴，不花哨。“土八碗”是彩云之南千万年来饮食的优秀代表；作为改良我们在其中加入了七步场出品的豆制品，让这些传统菜有了新的活力。吃起来多了一丝豆香，少了一份油腻，味道让人久久难以忘怀。

拿手菜：豆腐丸子炖土鸡

我们不仅仅是尊重豆腐的本味，同时也进行着一定的创作。这道简单的豆腐圆子鸡就是例子，豆腐圆子最重要的就是要保证豆腐丸子不散。以往吃过的豆腐圆子因为要保证丸子的完整性，所以一般口感偏硬、略糙。而我们豆腐丸子则是一个字嫩，轻轻一口咬下，便觉牙齿像刀一般切割下去，一直到丸子被咬开，鲜浓汤汁充满口腔，细品之，浓浓豆香，清甜菜香，香甜肉香，三味合一。在配上散养土鸡炖的汤，实在是鲜美无比。

家常菜：三色豆腐

蟹粉豆腐、番茄豆腐、小炒豆腐，三菜合一。不同的做法只为体现出七步场传统豆腐的特点：豆味香醇，物美价廉。

豆腐一料多吃的烹饪特色，既是中国人民创造力的表现，也是时代社会生活的必然。就大众来说，豆腐既营养丰富而又价廉易得，从不同季节长期保存的角度来考虑食品的制作，如此，才有了丰富多样的豆腐制品及烹饪之法。老百姓的家常菜才是最具影响力特色菜！

小吃：现点豆花

豆子先用石磨磨成豆瓣，去皮后放清水中浸泡，直至豆瓣膨胀、发白时捞出，加清水用石磨磨成细豆浆，用粗白布袋将豆浆过滤，取出豆渣，将过滤的浆汁倒入大铁锅里，用旺火煮开，倒入专用的木桶、木盆或陶瓷罐里，再将熟石膏用清水化开后倒入热豆浆内，用木瓢拌和几下，约五分钟即可成豆花，这种做法耗时耗力，但是出品的豆花口感滑嫩，品质一流。

素菜：黑芥时蔬黄豆腐

黑芥炒肉丝，为云南名菜。黑芥与肉丝滑炒，清爽醇香，咸中回甜，酒饭两宜。本菜用黄豆腐切丝代替肉丝，荤菜素做，配合当季时鲜蔬菜也是一道清新的美味。

主食：滇味豆心破酥包

破酥包是滇味面点中的传统小吃。皮坯使用的是低筋精白面粉，经充分发酵、兑碱，再用上等洁白的熟猪油与面团共制成酥层。

破酥包造型比较简单，因为造型过于繁杂会影响皮坯酥层的形成。蒸制时用旺火一气呵成。包子出笼后饱满洁白，收口处微开，隐约可见内部馅心。趁热临口，皮坯酥软醇香，入口有化溶之感。七步香的面点师傅可谓匠人之中的匠人，十多年的传统面点手艺名不虚传，这破酥包在师傅所有的面点中极具代表性，堪称一绝。此次破酥包的馅料加入了七步场的豆干，吃一个一定会让您记住它的味道。

五彩果拼

由五种云南特有的水果组成的果盘，云南各地气候差异大，物产丰富所以也造就了云南多彩斑斓的美食文化。

1.呈贡豌豆粉

主料：豌豆粉

辅料：胡萝卜丝、韭菜

调料：食盐、味精、鸡精、甜酱油

制作方法：把调料调成汁水，浇在切好的豌豆粉上、放上辅料、大蒜、花生米、油辣子拌匀。

成菜特点：辛辣香爽口。

2.腐皮牛肉冷片

主料：熟牛肉

辅料：豆腐皮

调料：食盐、味精、鸡精、芝麻油、味极鲜

制作方法：豆腐皮用开水发开，切片，熟牛肉切片加调料拌匀即可。

成菜特点：鲜香美味。

3.滇味凉豆腐

主料：白豆腐

调料：食盐、味精、味极鲜、老陈醋、甜酱油、芝麻油、蒜油、香菜

制作方法：豆腐切片，然后用香油炸制金黄色改刀，把调料调成汁浇上面即可。

成菜特点：鲜咸回甜。

4.千叶豆干凉火腿

主料：凉火腿、千叶豆腐

调料：白糖、生粉

制作方法：把火腿和千叶豆腐切片夹在一起蒸熟，浇上用白糖和淀粉合成的汁水即可。

成菜特点：色泽红亮，香糯适口。

5.卤豆腐

主料：白豆腐

辅料：老卤水、生抽、大蒜、油辣子

制作方法：把白豆腐切片、炸成金黄色，用老卤水卤半小时起锅，切片装盘即可。

成菜特点：口感嫩滑。

6.农家豆干猪耳

主料：卤猪耳、豆腐干

调料：味精、生抽、白糖、红油、大葱、花椒油

制作方法：把卤熟的猪耳切片、豆腐干切片，加所有调料拌匀即可。

成菜特点：脆香下酒。

滇味六味拼

主料：石屏豆腐、白豆腐、臭豆腐
调料：辣子面、味精、食盐
制作方法：石屏豆腐用小火慢慢烤熟、白豆腐做成丸子炸熟，臭豆腐做成丸子炸熟拼在一起。
成菜特点：香气十足、佐酒良品。

炸三拼

砂锅鱼头豆腐

主料：滇池鲤鱼鱼头
辅料：白豆腐
调料：食盐、葱姜、猪油
制作方法：鱼头用猪油炸至金黄色放入锅里，加白豆腐、调料炖半小时即可。
成菜特点：汤浓白、鱼肉滑嫩、滋味鲜美。

主料：宜良放养小麻鸭
辅料：甜面酱、大葱、豆皮
制作方法：豆皮炸到酥脆、把小麻鸭烤至金黄切片，放在炸好的豆皮上即可。
成菜特点：香酥可口。

昆明·呈贡七步场豆腐宴

黄金豆片小麻鸭

主料：臭豆腐
辅料：火腿、鸭油
调料：食盐、辣子面
制作方法：臭豆腐放碗里，放上切好的火腿片，撒上辣子面、鸭油，蒸20分钟即可。
成菜特点：异香扑鼻、香味十足。

云腿鸭油蒸臭豆腐

主料：八宝饭、烧皮子、千张肉、炸皮子、粉蒸肉
成菜特点：异香扑鼻、香味十足。

主料：白豆腐、土鸡
调料：食盐、胡椒、味精、鸡蛋、菊花
制作方法：把土鸡先炖熟，白豆腐加调料做成丸子，和土鸡一起炖即可。
成菜特点：汤鲜、圆子化、鸡肉香。

豆腐丸子炖土鸡

黑芥时蔬黄豆腐

主料：黑芥（黑大头）、黄豆腐
调料：食盐、味精
制作方法：黑大头切成丝、黄豆腐切成丝，下锅加调料炒熟即可。
成菜特点：醇香回甜。

三色豆腐

主料：内酯豆腐３份
配料：小葱、番茄、青红辣椒、咸鸭蛋黄
制作方法：把３份内酯豆腐切好，分别放入３个盘子，然后把３种配料分别调味，各浇在３个盘子里的豆腐上即可。

现点豆花

主料：豆浆
辅料：石膏
调料：炸酱
制作方法：豆浆烧涨，加入适当的石膏点制成豆花，和炸酱一起上桌即可。
成菜特点：滑嫩双扣。

滇味豆心破酥包

主料：包子皮、豆干
调料：味精、甜酱油
制作方法：把豆干加调料炒香，用包子皮包好蒸熟即可。
成菜特点：破酥香。

五彩果拼

主料：哈密瓜、芒果、西瓜、葡萄、苹果
制作方法：把五种水果做成果盘即可。
成菜特点：色彩艳丽、味道爽口。

食尚盘龙宴

研发制作：盘龙区餐饮与美食行业协会

食尚盘龙宴　菜单

餐前果	四季盘龙	头　菜	法式牛排（位）
开胃碟	永香斋黑玫瑰 太和豆豉 水库脆虾 酥炸蚕豆	热　菜	鱼跃盘龙（鱼类菜） 山海相连（鲍鱼&猪蹄） 凤鸣东大村（花椒鸡） 金雀花开 滇青源翠（应季时蔬）
冷头盘	食尚盘龙	主　食	米饭（或苞谷饭）
凉　菜	龙泉树花	面　点	鸡㙡酥
头　汤	食尚养生汤（位）	小　吃	豆花米线（位）
		甜　品	草莓酸奶（位）

食尚盘龙宴

永香斋黑玫瑰

百年历史永香斋，获奖玫瑰大头菜；

黑色玫瑰巧手雕，形象味美开胃来。

“黑玫瑰”是用昆明永香斋玫瑰大头菜雕琢。昆明“永香斋”是延续330年的老字号，“云南玫瑰大头菜”1915年参加巴拿马国际博览会获奖，以后又多次夺魁，永香斋酱园也被冠以“古滇第一家”。

太和豆豉

京有太和殿，昆有太和街；

太和有豆豉，出自昆明城。

唐朝时期，南诏国开辟拓东城，从塘子巷到交三桥称“太和街”，这段南北向老路就是今天的北京路。“太和豆豉”是昆明市著名传统特色美食，已有100多年的生产历史。中国的“豆豉”曾以其特殊的风味、独特的营养保健作用在国际市场上获得很高的荣誉，被国家卫生部定为第一批“药食兼用”品种。

凉菜：龙泉树花

抗日烽火起狼烟，西南联大立昆滇；

树花树皮都是菜，思成徽因邀客来。

梁思成是中国著名建筑师，人民英雄纪念碑和中华人民共和国国徽深化方案的设计者之一；林徽因，梁思成妻子，被胡适誉为中国一代才女，同梁思成一起用现代科学方法研究中国古代建筑，成为这个学术领域的开拓者。

1937年日寇全面侵华，清华、北大、南开的师生辗转南下昆明，共同组成了西南联大。1938年1月，梁思成、林徽因夫妇来到昆明，在龙头街附近麦地村的“兴国庵”住了近三年，时光留下的足迹，成就了云南古建筑文化史、文学史上的一段佳话。

抗战期间，生活拮据，云南野生树花、树皮都是西南联大师生餐桌上的美味佳肴。

食尚盘龙宴

头菜：法式牛排（位）

滇越铁路通百年，西方文明进云滇；

红酒咖啡洋面包，中西融合做牛排。

1910年通车的滇越铁路，是中国的第一条国际铁路，它拉开了云南早期工业化的帷幕，开启了云南现代文明的先河。通车以后，昆明城南的火车站一带，“道路宽整，洋楼轩敞，与大都市全然相像”。火车运来了中国第一个发电站（昆明石龙坝水电站）和外国记者、传教士、咖啡、地道的干邑葡萄酒，也运来了巴黎式的悠闲、自在而浪漫的生活方式。

鱼跃盘龙

盘龙治理江水清，花开两岸环境新；

鱼游江湖潜水底，人跑江堤练身体。

山海相连（鲍鱼＆猪蹄）

云岭高原跑山猪，海洋鲍鱼竞自由；

山海相连食材配，营养均衡味互补。

鲍鱼属海洋软体动物，被誉为“海味之冠”，自古以来就是海产“八珍”之一，其肉质柔嫩细滑，滋味极其鲜美，被人们称为“海洋的耳朵”；猪蹄中含有丰富的胶原蛋白，这是一种由生物大分子组成的胶类物质，是构成肌腱、韧带及结缔组织中最主要的蛋白质成分，具有美容养颜的作用。

凤鸣东大村（花椒鸡）

鸣凤山上百鸟啼，鸣凤山后双龙腾；
驱车驰过鸣凤山，东大村吃花椒鸡。

昆明东北郊的鸣凤山原名相度山，明万历年间始建太和宫“金殿”后改为此名（明崇祯十年“金殿”被迁往鸡足山）。清康熙十年吴三桂重建檐歇山式“金殿”，是中国最大的铜殿。

双龙乡东大村花椒鸡在昆明已经远近闻名，味道麻辣咸香，鸡肉香嫩不柴，周末假日，客人络绎不绝。

金雀花开

状元杨慎贬入滇，寄情云南山水间；
翰林学士成平民，独爱金雀花盛开。

这道菜引出一位历史名人——杨慎，号升庵，明代著名文学家，明代三才子之首。“滚滚长江东逝水，浪花淘尽英雄，是非成败转头空。青山依旧在，几度夕阳红……”这首词的作者是杨慎，电视剧《三国演义》用作主题歌歌词；昆明安宁温泉的“天下第一汤”也是杨状元手笔。杨慎24岁时殿试第一，考中状元，授翰林院修撰，青年才俊，从此正式登上明朝政治舞台。后因"大礼议"受廷杖，谪戍于云南永昌卫（保山）。杨慎在滇南30年，博览群书。后人论及明代记诵之博、著述之富，推杨慎为第一。

滇青源翠（应季时蔬）

滇源街道办事处位于盘龙区北部，山清水秀，主要产业为以绿色、有机蔬菜等为主的种植业，大量销往省内，是盘龙区乃至昆明市重要的蔬菜生产基地。滇源街道目前正在发展雪莲果、生菜、百合花特色种植产业，计划大力发展经济林果，苗木产业。

面点：鸡纵酥

明皇熹宗爱鸡纵，千里单骑送进宫；

滇菜大厨好手艺，以假乱真味不同。

鸡纵号称菌中之王。清末文人阿瑛在《旅滇闻见录》中写道，明熹宗朱由校最爱吃云南鸡纵，每年雨季，皇上的亲信大臣专门到云南做好安排，每天将现采集的鲜鸡纵收在一起，有专人通过各地的驿站飞马向京中传送。此面点仿鸡纵造型，以假乱真。

小吃：豆花米线

云南米线名天下，豆花相伴味更香。

甜品：草莓酸奶

以酸奶和草莓为原料制作的甜品，酸甜可口。

开胃碟

1.永香斋黑玫瑰

制作方法：1.选用永香斋出品的黑大头菜，用温水泡洗30分钟，除盐；
2.把大头菜雕成玫瑰花；
3.用玫瑰老卤浸泡10分钟后装盘即可。

2.太和豆豉

制作方法：1.太和牌豆豉用清水淘洗；
2.沥干水分，用油炸成金黄色，再加火腿丁，青椒丁炒香即可。

3.水库香酥脆虾

制作方法：1.选用水库新鲜小虾，清洗干净后去头，用盐、料酒腌制10分钟；
2.把小虾下油锅炸制而成。

4.碧绿酥炸蚕豆

制作方法：1.选用干蚕豆瓣，用水氽5分钟后沥干水分，下油锅炸成金黄色；
2.选用新鲜的蚕豆瓣，下水氽1分钟后沥干水分，下油锅炸酥，把两种豆瓣装盘即可。

时尚盘龙冷头盘

冷头盘寓意：象征人民吉祥安康、欣欣向荣之景象；

主料：建水紫米细米干300克、烤紫菜5张、去皮青虾仁120克、土鸡蛋3个、胡萝卜1200克、小黄瓜80克

辅料：柠檬2个、鲜红米辣碎2克，蒜泥1克、大香菜碎2克、一品鲜酱油4克、纯净水200克、茄子皮5克、红椒皮8克、青椒皮8克、黄彩椒皮8克、小韭菜末5克、自制葱油100克

制作方法：1.提前用胡萝卜雕刻龙头、爪、鳍、尾、龙珠，下90°开水中加食盐烫45秒捞起，用冰水激凉控水；

2.取黄瓜皮、茄子皮、青椒皮、红椒皮、黄椒皮按图所示雕刻盘龙区标志，下90°开水烫10秒捞起，用冰水激凉控水；

3.土鸡蛋拉蛋皮、虾去虾线洗干净控水锤虾泥，加食盐调味，用蛋皮、紫菜做成蛋卷，上蒸箱蒸熟放凉后切斜片；

4.紫米细米干加柠檬汁、米拉、蒜泥、大芫荽、小韭菜末、一品鲜酱油拌酸辣味放盘中，摆出龙形状；

5.在龙形上顺序均匀拼蛋黄卷，最后如图摆放龙头、爪、鳍、尾、龙珠、盘龙区标志，刷自制葱油使其光亮；

6.成型后配酸辣调味汁拌匀食用即可。

龙泉树花

主料：干笋丝、干树花、韭菜、大芫荽、小米椒

制作方法：1.选用干树花洗净，用冷水泡发后氽水，氽完水以后，再用冷水漂一遍，之后再第二次氽水；

2.加小米辣、大芫荽、柠檬汁、盐、鸡粉、生抽拌匀即可。

营养价值：树花的萃取物有抵抗艾滋病病毒，治疗乳腺癌的作用。由于富含铁、铜和维生素C，它还能预防贫血、坏血病、白癜风，防止动脉硬化和脑血栓的发生。

食尚养生汤

主料：老土鸡、赤肉、黑松露、虫草花、枸杞

制作方法：用老鸡煲的汤加入黑松露、枸杞、虫草花上笼蒸40分钟，加入菜胆即可。

主料：香格里拉牦牛排

辅料：卤水、酸黄瓜、云南小瓜、胡萝卜、青花、姜、葱、蒜、草果八角等香料

调料：生抽、食盐、黄油、黑胡椒碎

制作方法：1.先把切好的牦牛排先汆水后下油锅定型；

2.锅底留油，加人葱姜蒜，草果，八角等香料爆香，再倒入卤水，加生抽，食盐，调好味；

3.把炸好的牛排放入调好味的卤水中，容器面上用锡纸盖好，放入烤箱里面（上火180°，下火200°）焗两个小时。没有烤箱的话，可以用高压锅压40分钟也可以；

4.牛排焗压熟后捞出放入烤盘，淋上黄油，撒上胡椒碎，用焗炉焗5分钟，用胡萝卜，云南小瓜，青花，酸黄瓜配盘即可。

法式牛排

山海相连（鲍鱼＆猪蹄）

主料：熟制猪蹄、鲜鲍、干葱头、小米椒、蒜仔

制作方法：1.把鲍鱼清洗干净；

2.猪脚刮洗干净焯水，焯完水再进行卤制；

3.最后将鲍鱼和猪脚炖在一起即可。

鱼跃盘龙

主料：水库鲤鱼1200克

配料：黄姜10克、大葱20克、独蒜12克、生粉600克、啤酒一瓶

制作方法：1.把鱼宰杀清洗干净，从侧面改刀，用食盐、葱、姜、料酒腌制30分钟；

2.生粉用啤酒调成糊，鱼挂糊炸至金黄色装盘；

3.用糖、拓东咸酱油、拓东醋调成糖醋汁，浇上即可。

特点：外脆里嫩，酸甜爽口。

主料：土鸡一只1200克、干辣椒15克

配料：鲜花椒10克、草果一粒、八角两个、老酱20克、黄姜15克、独蒜20克、泡椒若干、大葱15克、魔芋豆腐、30克、高粱白酒5克、鸡汤600克、香菜10克

制作方法：1.将鸡宰杀，清洗干净，整鸡除骨切成块。用干辣椒、草果、八角、姜、大蒜、花椒炒香，再炒老酱；

2.下入鸡，炒干水分，加入少量白酒。加魔芋豆腐，注入鸡汤焖熟。装盘后撒上香菜即可。

味型麻辣鲜香，滑嫩爽口。

凤鸣东大村花椒鸡

主料：新鲜金雀花300克
配料：土鸡蛋4枚
制作方法：1.金雀花洗干净，用山泉水泡去花粉；
2.土鸡蛋调均匀，加3克食盐，放入金雀花调匀；
3.锅上火入油，下入鸡蛋金雀花、两面煎黄，起锅装盘即可。
特点：花香浓郁，鲜香回甘。
金雀花营养价值：

金雀花含有蛋白质、脂肪、碳水化合物、多种维生素、多种矿物质等成分。由于金雀花性微温、味甜，入肝、脾二经，所以具有滋阴，和血，健脾的功效。

金雀花

主料：青菜
配料：羊肚菌
制作方法：把冬天的大苦菜，改成形状，然后焯水，加入羊肚菌一起烧，烧完以后把羊肚菌扒在青菜上即可。
羊肚菌的营养价值

羊肚菌含粗蛋白20%、粗脂肪26%、碳水化合物38.1%，还含有多种氨基酸，特别是谷氨酸含量高达1.76%，其中包含有异亮氨酸、亮氨酸、赖氨酸、蛋氨酸、苯丙氨酸、苏氨酸和缬氨酸7种人体必需的氨基酸，营养成分含量很高，种类也很齐全，在食用菌中属于高营养菌。

有益肠胃、助消化、化痰理气、补肾壮阳、补脑提神等功效。

滇青源翠

鸡㙡酥

主料：面粉500克、油鸡㙡100克

辅料：猪油300克、白奶油400克、糖粉100克

制作方法：1.面粉加水、油分别制作水油皮干油面；

2.水油皮包干油面开酥皮，冷冻待用；

3.将冻好的酥皮取出，分别制作鸡㙡把及鸡㙡帽，组合即可。

油鸡㙡营养价值：油鸡㙡营养丰富，尤其蛋白质的含量较高，蛋白质中含有20多种氨基酸，其中人体必需的8种，氨基酸种类齐全。还含有各种维生素和钙、磷、核黄酸等物质。食之具有提高免疫力、止泄（鸡㙡适宜脾虚型腹泻患者）、抑癌抗瘤等作用。

豆花米线

主料：米线、杂酱、豆花、冬菜、韭菜、花生

制作方法：1.选用现做的豆花、米线，烫完以后放在碗里；

2.用干辣椒、草果、八角、花椒、葱姜蒜炼油。用这个油再炒制什锦酱和老酱，随后加入鸡汤烧制五六分钟；

3.冬菜淘洗干净，沥干水分，放入锅里煸干水分，取出备用，下蒜油，再炒冬菜；

4.在米线上加入豆花，撒点韭菜，加调制好的酱料即可。

营养价值：米线含有丰富的碳水化合物、维生素、矿物质及酵素等，具有熟透迅速、均匀，耐煮不烂，爽口滑嫩，煮后汤水不浊，易于消化的特点；豆花营养丰富，美味可口，人体对其吸收率可达92%~98%。与米线结合烹制的美食更是美味可口。

草莓酸奶

以酸奶和草莓为原料制作的甜品，酸甜可口。

主料：原味酸奶、鲜草莓、白糖、鱼胶粉

营养价值：草莓富含氨基酸、果糖、蔗糖、葡萄糖、柠檬酸、苹果酸、果胶、胡萝卜素、维生素B1、B2、烟酸及矿物质钙、镁、磷、铁等。多食草莓有助于明目养肝；酸奶的发酵过程使奶中糖、蛋白质有20%左右被水解成小分子，脂肪酸，使各种营养素的利用率得以提高。除保留鲜牛奶的全部营养成分外，乳酸菌产生人体营养必需的多种维生素，如维生素B1、维生素B2、维生素B6、维生素B12等，酸奶中还含钙、双歧杆菌等。

昆明·宜良故事·河湾神韵宴

研发制作：宜良县机关事务管理局机关食堂

昆明·宜良故事·河湾神韵宴　菜单

开胃碟	花城四味
凉　菜	绿水青山
热　菜	云参珍品 宜良烤鸭 鱼结良缘 靖安白玉 板栗东坡肉 宜乡干巴菌
甜　品	西米冻
面　点	都督烧卖
主　食	滇中粮仓
酒　水	九乡米酒

花城四味

主料：茄子100克、萝卜100克、莲藕100克、红薯100克

辅料：米粉250克

调料：食盐50克、八角粉15克、辣椒粉20克

制作方法：1.茄子、莲藕、萝卜、红薯切丝晒干，将晒干后的原材料蒸熟；

2.加入炒香后的米粉，搅拌均匀，加入调味料调味；

3.将调味后的原料放入土罐中密封发酵1个月以上，发酵成熟后取出大火蒸熟，加入植物油，下锅炒香，出锅装盘。

绿水青山

主料：南美白对虾60克、面粉200克

辅料：菠菜150克

调料：菠菜面200克，自制甜酱油50克，老陈醋15克，食盐、白糖各5克。

制作方法：1.菠菜洗净，放入料理机中捣碎，将捣碎的菠菜汁滤除杂质，加入面粉，和面成型。将成型发酵后的面擀开，切丝待用；

2.选取南美白对虾，去头、去皮，洗净，下锅氽水待用；

3.面条下锅煮熟，捞起成型装盘；

4.氽水后的虾仁装盘，淋上料汁调味即可。

云参珍品

主料：土鸡1只、云参250克
辅料：火腿250克
调料：食盐
制作方法：1.精选放养土公鸡洗净、斩块待用；
2.选取宜良本地云参洗净、改刀切段；
3.将鸡块、云参、火腿片，放入紫砂汽锅中，加入泉水、盐调味，放入蒸锅中蒸8小时出锅即可食用。

饮食文化注释：从前，一位小神在天上候补多年，未委派实职，日子过得十分拮据。某日，因某种奇缘，他立了一件大功，玉帝便委派他到宜良竹山任总山神。临行前，御膳宴请，十分丰盛。席散，他把剩菜打包，还向大厨从剩余食材中私下讨要了三棵人参，说要带到竹山种，又要了五块豆腐，说要带到凡间请凡人尝一尝天庭的美味。他把人参藏在篮底，上面盖上豆腐，以便掩人耳目。谁知他误了些时日，来到凡间豆腐已臭了，底下的人参也染臭了。管它，还是种下。从此，云参便成为竹山一带的特产，营养价值不逊于人参，比人参还多了通气的功能，只是有一种特殊的臭味。人们就把它叫作“臭参”“臭药”。因云南独有，故又名“云参”。

宜良烤鸭

主料：本地放养生态小麻鸭900克
辅料：本地高山土蜂蜜0.5克
调料：红醋1克
制作方法：1.精选宜良南洋放养生态小麻鸭宰杀、去毛、洗净；
2.精选本地高山土蜂蜜，均匀涂抹于洗净后的麻鸭上，反复揉搓、按摩麻鸭表皮，使其充分吸收蜂蜜，将涂抹蜂蜜后的麻鸭垂直悬挂风干5小时；
3.以栗炭及松毛配比生火，将烤炉加温后放入风干后的麻鸭，烘烤至表皮金黄色后出炉；
4.将出炉后的麻鸭剖开、斩成块状，保持鸭形，整齐装盘，配上秘制烤鸭酱、椒盐及葱段即可上桌食用。

饮食文化注释：清光绪二十八年（1902年），宜良狗街沈伍营村许实（许秋田）得公族资助赴北京会试，西村农家子弟刘文作为书童随侍进京，投宿于米市胡同老便宜坊附近。许实忙于备考，刘文闲来无事，得许实赞许，便到隔壁的“老便宜坊”悉心学习北京烤鸭技艺。回乡后，刘文因地制宜，结合把北京烤鸭技艺加以改进，开创了一枝独秀、别具风味的宜良烤鸭，又名狗街烤鸭。比如：北京烤鸭用壁炉用果枝明火烘烤，宜良烤鸭则是用土坯炉用松毛结暗火烘烤辐射。而宜良烤鸭用蜂蜜涂抹搓揉鸭身提色、用芦苇筒塞鸭屁股通气导水引油、用竹片撑鸭翅等烤鸭技艺，则是北京烤鸭所没有的。刘文又在狗街火车站开“质彬园”烤鸭店，顾客云集，门庭若市。省主席龙云也慕名请刘文到五华山烤鸭，大宴宾客。由此，宜良烤鸭一路走来，百年不衰。泽润故里，惠及后代。从此，北京烤鸭便在云南边疆宜良生根发芽，成为饮食界一枝独秀的奇葩，誉满三迤，香飘四季。

主料：马街镇抗浪鱼500克
辅料：宝洪茶10克
调料：食盐5克
制作方法：1.精选5—6年抗浪鱼，加入食盐腌制，入锅香煎；
2.宝洪茶用油炸脆；
3.取适量秘制辣椒粉装盘即可。

鱼结良缘

昆明·宜良故事·河湾神韵宴

靖安白玉

主料：萝卜500克
辅料：鲜虫草花50克、松露50克、西兰花15克
制作方法：1.土鸡加虫草花（去头）煨汤待用；
2.萝卜洗净、切片煨熟；
3.松露切片3毫米厚，西兰花（1厘米大小均匀）氽水，加入萝卜摆盘，注入鸡汤即可。
饮食文化注释：靖安白玉，指产自靖安哨的白萝卜。它来自一个久远的传说：明朝，靖安哨设哨。某年，来了一个好哨长。他与士兵同甘共苦，把中原先进的农耕文化传授哨头上落后的彝族先民。也曾虎口夺婴，匪巢救人。就在他即将解甲回乡的前一夜，他做了一个梦，梦见哨所西北方一个叫官沟的地方，红土里栽着一棵白玉雕就的萝卜。第二天，他荷锄前往，掘地三尺，果然挖到了应梦宝贝。他携宝回乡，娶妻生子，赡养父母，过上了富足的生活。次年，在他掘宝的地方，长出了两棵野生白萝卜，跟玉雕的一样。其味如饴，甘甜无比。从此，靖安白萝卜种遍哨头，享誉滇中。它的美味连同传奇故事世代流传。

主料：五花肉1000克、板栗300克
辅料：宝洪茶、西兰花
调料：陈皮10克
制作方法：1.精选带皮五花肉，火烧清洗干净，改刀切块，肉块下锅过油至金黄色备用；
2.加入辣妹子、番茄酱、耗油、食盐、白糖调味、上色；
3.取适量鸡汤加入肉块、板栗入高压锅煨至熟；
4.西兰花、宝红茶氽水，加入陈皮装盘即可。

板栗东坡肉

宜乡干巴菌

主料：小哨野生干巴菌150克
辅料：青辣椒200克、小米辣20克
调料：食盐10克
制作方法：1.先把干巴菌撕小，调入面粉清洗干净，然后上锅把水分煸干，青椒切粒，小米辣切碎；
2.炒锅上火，下猪油、鸡油，下干巴菌炒香后加入青椒炒几下，调味即可上桌。
饮食文化注释：云南珍稀野生食用菌，学名干巴革菌，也叫对花菌、马牙菌、牛牙齿菌等，仅产于云南和湖北。据考，两省中以云南产的干巴菌最佳，云南则首推宜良，宜良则是两哨（小哨和靖安哨）的干巴菌闻名于世。传说，干巴菌的前身是天庭一株独有的黑牡丹，因得罪了某位大神被贬下凡，而且下令：不准开花，深埋地下，受牛踩马踏。她历尽劫难，终于修成正果，变成干巴菌，以另一种形式开花，以别具一格的美味惊艳人间。

西米冻

主料：鸡蛋清100克、牛奶100克
辅料：淀粉250克、水果丁适量
调料：白砂糖50克
制作方法：1.取适量鸡蛋清，用打蛋器搅拌至蛋清成泡；
2.鲜牛奶下锅煮沸，加入白糖调味，将淀粉水加入牛奶中搅拌，等到牛奶成浓汤时把之前打好的鸡蛋泡倒入锅中继续搅拌，搅拌均匀后，就可以出锅盛碗中，封上保鲜膜，放入冰箱冷藏室冰镇；
3.冰镇后加入水果丁调味即可。

都督烧卖

主料： 面粉500克、鲜猪肉500克

辅料： 笋丝末200克、火腿丁200克、冬菇丝200克

调料： 葱花100克

制作方法： 1.在面粉内加鸡蛋、油、汤合拌揉匀成面团，揪成面剂，拍上淀粉，擀成烧卖皮。

2.鲜猪肉剁成末；熟猪肉、肉皮剁成粒，三者拌合，加入笋末、火腿丁、冬菇丝、葱花、盐、味精、胡椒、猪油拌匀成馅心；

3.用面皮包入馅心，捏成长石榴花状，入笼蒸熟装盘。连同用醋、白糖、油辣椒、麻油、香菜末兑成的汁水一起上桌，用烧卖蘸吃。

饮食文化注释： 都督烧卖是一道起源于宜良的小吃。相传宣统年间，宜良人祝可清开设“兴盛园”，尤以“祝氏烧卖”驰名。真正是门庭若市，供不应求。但祝氏生性淡泊，重声誉而轻生意，便立下一个规矩：凡到店买烧卖者，每客只卖三个，不可多购。

一日，一群人簇拥一位气度不凡的客人到来，品烧卖后赞不绝口。意犹未尽，欲再购。祝氏说：“不可不可，只卖三个，所有人一律平等。”“如果都督来呢？”“都督来也只卖三个。”那客人微微一笑，与众随从步出“兴盛园。”客人走后有知情者告知祝氏；“刚才走的，正是都督唐继尧。”众人称奇。后来，“祝氏烧卖”便演变成了“都督烧卖”。

滇中粮仓

主料：五色糯米500克
辅料：山泉水250克
制作方法：1.将糯米洗好，在水中浸泡1小时以上，沥去水分备用；
2.浸泡后的糯米放入蒸箱，大火蒸制3小时以上；
3.蒸熟后的五色糯米放入蒸笼，造型，淋上调味料，小火焖制20分钟即可。

九乡米酒

主料：糯米1200克
辅料：山泉水600毫升
制作方法：1.将九乡的山泉水、本地优质糯米和独家祖传秘方发酵酿造；
2.储藏于常年低温潮湿的天然溶洞中。

昆明·逢春紫陶宴

研发制作：云南逢春紫陶文化传播有限公司

昆明·逢春紫陶宴　菜单

凉　菜	当春乃发生
	菩提菜花篮
热　菜	汽锅鸡
	一团和气
	临安豆皇
	云田熟藕
	百花千岁豆腐
主　食	芝士沙攸
	过桥米线

当春乃发生

主料：草芽300克
辅料：生菜10克
调料：芥末10克、刺身酱油10克
制作方法：将草芽去老节、去皮，清水洗净，切成叶片型。碎冰装入盘，将切好的草芽片，三片一株，插入冰层，将生菜丝放入冰层即可。

主料：西瓜5000克
辅料：火龙果150克、阳桃150克、黑提子150克、哈密瓜150克
调料：沙拉酱200克
制作方法：西瓜雕成花篮，火龙果，阳桃，黑提，哈密瓜切成圆形，将各色辅料放进西瓜果篮里即可。

菩提菜花篮

汽锅鸡

主料：云南本地土鸡
辅料：大葱10克、姜10克
调料：鸡精、食盐、白糖各适量
制作方法：选用云南当地的肉质紧实细嫩的小土鸡，将鸡块在紫陶汽锅内摆放整齐，不放任何汤水，在紫陶汽锅特殊的喇叭形构件的作用下，蒸汽由此进入锅内，再佐以葱姜这样简单的调料，蒸煮相融，鸡汤煮鸡肉。
饮食文化注释：汽锅由建水一代宗师向逢春改良并命名的，在1933年，参加芝加哥的百年进步博览会，汽锅以古朴的造型，典雅的书画以及作为陶本身的实用性而名动天下。

主料：猪后腿细肉末400克
辅料：清水马蹄20克、姜20克、老豆腐50克、小黑药3克
调料：食盐0.03克、鸡精0.02克、白糖0.01克
制作方法：把磨好的肉加进清水马蹄、姜、盐、鸡精、白糖、等搅拌均匀后，再加入适量清水搅拌，再投入老豆腐做成的丸子，在汽锅中摆放整齐，放入蒸箱蒸20分钟即可上菜。

一团和气

临安豆皇

主料：黄豆泥300克
辅料：火腿5克、胡萝卜5克、青豌豆米5克
调料：食盐0.05克、鸡精0.02克、味精0.02克、糖0.01克
制作方法：黄豆泥加入少量火腿丁炒香后，装盘。

云田熟藕

主料：藕500克
辅料：糯米200克
调料：酱油5克、鲜辣露5克、白糖10克
制作方法：鲜嫩的莲藕去掉藕节洗净，揣上香甜的糯米，上锅蒸熟备用。上菜前用热油一滚，外酥里嫩。

百花千岁豆腐

主料：内酯豆腐300克
辅料：带子0.03克、蟹黄0.02克、葱花0.02克
调料：蒸鱼豉油50克
制作方法：在切好的内酯豆腐上放上带子，蟹黄，盛盘中，放入蒸箱蒸五分钟，趁热浇上豉油，撒上葱花，热锅炝油，即可食用。

昆明·逢春紫陶宴

芝士沙攸

主料：红薯500克
辅料：芝士20克
调料：炼乳5克、沙拉酱15克
制作方法：红薯切片蒸熟，放上芝士薄片，拌入沙拉酱，放烤箱内烤熟即可。

过桥米线

主料：鸡骨架6000克、龙骨6000克、筒子骨4000克
辅料：糊辣椒、葱花、香菜、豆面、草芽、榨菜、玉兰片、老鸡背肉、香酥肉、黑芥菜、节菜、蚕豆、金耳菌头、鸡丝、豆腐丝、水腌菜、鸡蛋干、菊花、鱿鱼、乌鱼、火腿各10克
调料：鸡精2克、食盐3克、鸡汁2克、牛肉粉1克、三倍鲜0.05克、白糖1克
制作方法：把主料洗净，然后加入水，开大火炖至沸腾就后转小火，直到香味翻滚而出，制成汤料，调味，然后分舀至汤碗内，与各种生片、生菜、佐料一起上桌。

后　记

《云南宴》与读者见面了，本书力图以“品味云南饮食文化之精髓，体验云南民族特色宴席之底蕴”为编著目的，收入了云南2017年“一州一席宴地方特色美食推介”的主要宴席，以及昆明市接待办、市商务和投资促进局主办，市委宣传部和市文联联合协办，市餐饮与美食行业协会承办的“2019舌尖记忆·寻味春城”——昆明美食甄选赛中的部分宴席。

“仓廪实而知礼节，衣食足而知荣辱”，在今天的生活中，美食是体现人们热爱生活、丰富体验、彰显自我、追求情趣的文化载体和符号。饮食文化是每个民族灿烂文化遗产的重要组成部分，也是一种宝贵的旅游资源。本书收入的云南部分州市特色宴席，不仅挖掘、汇聚了彩云之南的舌尖美味，还解读了“一州一席宴”背后的故事，以及不同州市特色餐饮文化，为国内外游客和本地消费者，描绘了一幅地道的云南美食地图，传承和发展专属云南的美食文化。

本书的出版、发行，首先要感谢相关州（市）及餐饮企业的支持。虽时隔两年，但许多单位仍积极配合，补充资料，校正错误；其次要感谢关心、关注云南餐饮发展的餐饮业大师、名厨，是他们的努力，让滇菜不断推陈出新，影响越来越大。

由于种种原因，当年参加“一州一席宴地方特色美食推介”的部分餐饮企业，或人员变动，或单位变更，编委会无法与其联系，因而有部分参赛宴席未能收入书中，是为憾。另外，收入本书的作品，有的与正式“宴席”标准尚有差距，但展现的是少数民族不同的饮食习俗，可供同行学习、参考。

由于编者水平有限，本书错误、疏漏在所难免，敬请业内专家、大师不吝赐教，借此机会，我们深表感谢。

编　者

2019年端午